Prof. Dr. Gerald Lembke
Nadine Soyez
Digital-Fitness für Führungskräfte

Prof. Dr. Gerald Lembke
Nadine Soyez

DIGITAL-FITNESS

FÜR FÜHRUNGSKRÄFTE

Praxiswissen, Skills und Checklisten
für die neue hybride Arbeitswelt

REDLINE | VERLAG

Bibliografische Information der Deutschen Nationalbibliothek
Die Deutsche Nationalbibliothek verzeichnet diese Publikation in der Deutschen Nationalbibliografie. Detaillierte bibliografische Daten sind im Internet über http://d-nb.de abrufbar.

Für Fragen und Anregungen:
info@redline-verlag.de

1. Auflage 2021

© 2021 by Redline Verlag, ein Imprint der Münchner Verlagsgruppe GmbH,
Türkenstraße 89
80799 München
Tel.: 089 651285-0
Fax: 089 652096

Alle Rechte, insbesondere das Recht der Vervielfältigung und Verbreitung sowie der Übersetzung, vorbehalten. Kein Teil des Werkes darf in irgendeiner Form (durch Fotokopie, Mikrofilm oder ein anderes Verfahren) ohne schriftliche Genehmigung des Verlages reproduziert oder unter Verwendung elektronischer Systeme gespeichert, verarbeitet, vervielfältigt oder verbreitet werden.

Redaktion: Bärbel Knill
Umschlaggestaltung: Marc Fischer
Umschlagabbildung: ImageFlow/ Netz- und Internetkommunikationskonzept
Satz: Satzwerk Huber, Germering
Druck: GGP Media GmbH, Pößneck
Printed in Germany

ISBN Print 978-3-86881-845-1
ISBN E-Book (PDF) 978-3-96267-322-2
ISBN E-Book (EPUB, Mobi)978-3-96267-324-6

—— *Weitere Informationen zum Verlag finden Sie unter* ——

www.redline-verlag.de

Beachten Sie auch unsere weiteren Verlage unter www.m-vg.de

INHALT

VORWORT DER AUTOREN 7

KAPITEL 1
DIE ZUKUNFT DER ARBEIT IST
BEREITS GEGENWART 11

KAPITEL 2
AGILES LEADERSHIP FORCIEREN UND
MITARBEITERPOTENZIALE NUTZEN 21

KAPITEL 3
HIGH-PURPOSE-TEAMS FÜR
DIGITALE PERFORMANCE SCHAFFEN 47

KAPITEL 4
DIGITALE TOOLS RICHTIG EINSETZEN
UND EFFEKTIV KOMMUNIZIEREN 77

KAPITEL 5
DIGITALE MEDIENKOMPETENZ ENTWICKELN 101

KAPITEL 6
MIT DIGITAL TRUST UND VIRTUAL SOCIALIZING
TEAMVERBUNDENHEIT SCHAFFEN 125

KAPITEL 7
MIT MENTAL HEALTH DIGITALEN STRESS
UND ÜBERLASTUNG VERMEIDEN 151

   DANKSAGUNG 175
   LITERATURVERZEICHNIS 177
   ÜBER DIE AUTOREN 191
   ENDNOTEN 193

»We win or we learn. We never fail.«

Verlagshaus Mediahuis Nederland
nach erfolgter Transformation

VORWORT DER AUTOREN

Die Zukunft der Arbeit hat begonnen. Sie wird in hybriden Organisationen und Abläufen an flexiblen Arbeitsorten stattfinden. Die Konzerne schreiten voran. Sie kündigen die Miet- und Pachtverträge und untervermieten ihre großen Bürotürme. Für sie ist Remote Working die Gegenwart.

Mitarbeiter wünschen sich ein Mehr an Vereinbarkeit von Privatleben und Beruf. Die vielen kleinen und großen digitalen Helferlein liefern dafür die notwendigen Kommunikations- und Kollaborationsmöglichkeiten sowie Arbeitsplattformen. Sie anzuwenden ist meist einfach. Sie als effektive Führungsinstrumente zu nutzen setzt Chefs und Führungskräfte seit Jahren unter Druck.

Während einige digital Affine ihre Produktivität mit digitalen Tools zu verbessern versuchen, fühlen sich die meisten von ihnen überfordert. Sie öffnen sich ungern neuen digitalen Werkzeugen und vertrauen auf das Bekannte, Bewährte. Die Zukunft heißt für sie Vergangenheit!

Die Digitalisierung der Wirtschaft treibt davon unbeeindruckt den Wandel voran. Dieser Wandel rüttelt am Bekannten, Bewährten und auch an ihren Werten. Die digitalen Einschläge kommen immer näher. Ihre Ursprünge sind nicht nur in den sich verändernden Märkten und Kunden zu finden, sondern auch in den veränderten Ansprüchen der Mitarbeiter auf Selbstverwirklichung, positive Arbeitserfahrungen, Wertschätzung, Vertrauen, Autonomie oder Entscheidungsteilhabe.

Max Weber propagiert einen Führungsstil, der auf die Beherrschbarkeit von Mitarbeitern ausgelegt ist. Im digitalen Zeitalter ist ein kooperativer

Führungsstil gefragt, der die Mitarbeiter mehr einbindet und selbstorganisiertes Arbeiten und Mitsprache fördert. Der Zweck der Arbeitserfüllung muss mit dem Sinn der Arbeit verbunden werden.

Digitale Fitness und das dafür notwendige Führungsverhalten ist vor diesem Hintergrund keine Sammlung von Apps für bessere Video-Konferenzen. Sie ist auch nicht allein ein Personalentwicklungsprogramm für Mitarbeiter. Digitale Fitness ist das Ergebnis unseres Blicks in den Spiegel. Digitale Fitness beschreibt die dringend notwendigen Voraussetzungen für den erfolgreichen Umgang mit den organisatorischen Herausforderungen der Digitalisierung und mit dem Wertewandel der Arbeitskultur.

> Je digitaler der Arbeitsplatz, desto mehr müssen wir uns um den Menschen kümmern.

Führungsverhalten aus dem Büro lässt sich nicht 1:1 in virtuelle Arbeitsumgebungen übertragen. Je virtueller und digitaler die Arbeitsumgebung ausgestaltet ist, umso mehr müssen Führungskräfte sich ihren Mitarbeitern und Teams zuwenden. Mit Digitaler Fitness gelangen Sie und Ihr Unternehmen zu höherer Ergebnisqualität und einem Mehr an Zufriedenheit und Arbeitsglück aller Mitarbeiter. Schließlich steigert sie nachweisbar die Rendite des Unternehmens. Gründe genug für den Start ihres Digital-Fitness-Programms, oder?

Mit diesem Buch erhalten Sie dieses Programm und damit viele Antworten auf die drängendsten Fragen:

- »Was muss ich konkret ändern?«
- »Wie passe ich mein Führungsverhalten an digitale Arbeitssituationen an?«
- »Wie kann ich meine digitale Kommunikation verbessern?«
- »Wie gestalte ich virtuelle Kollaboration, um die Produktivitätsvorteile von Technologien voll auszuschöpfen?«

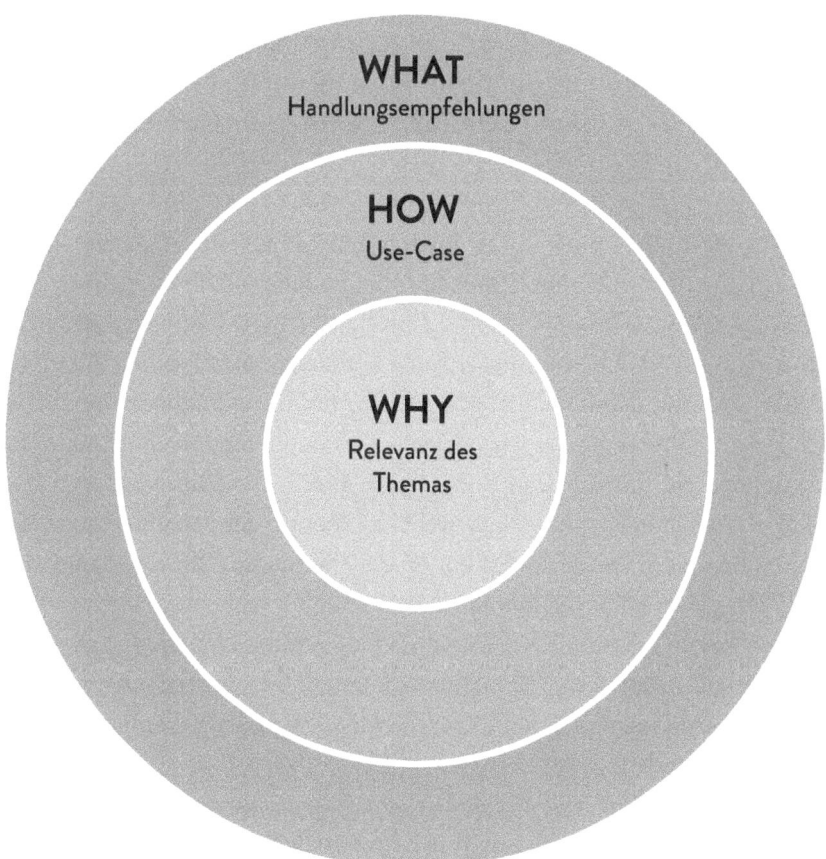

Der Goldene Kreis (von Simon Sinek)

Wir unterstützen Sie mit diesem Programm in Ihrer Führungsentwicklung. Das Ausprobieren von etwas Neuem, gemeinsam mit Ihren Mitarbeitern, kann sehr viel positive Energie erzeugen, die auch gebraucht wird – von allen. Sie werden erleben, dass die Umsetzung oft einfacher getan ist, als es Ihnen beim Lesen vorkam.

> Suchen Sie sich aus dem Bündel an Handlungsempfehlungen die für Sie sofort umsetzbaren Tipps heraus und laden Sie den Zweck Ihrer Aufgaben mit neuer Energie und neuem Sinn auf.

Zur Struktur dieses Buches: Das Buch haben wir auf dem »Golden Circle« des US-amerikanischen Bestsellerautors Simon Sinek (2018) aufgebaut. Der »Golden Circle« beschreibt stark vereinfacht die Zusammenhänge zwischen dem »Warum« (Why) des Tuns und den konkreten Handlungen (What) im Alltag. Er liefert damit die perfekte Struktur für diesen Ratgeber.

Jedes Kapitel beginnen wir mit dem »Why«. Wir geben unter anderem Antworten auf die auf Seite 8 genannten Fragen. Anschließend folgt das »How«. Anhand von mindestens zwei Use Cases aus der Praxis und anschaulichen Beispielen leiten wir das notwendige Wissen für die Umsetzung der Handlungsempfehlungen komprimiert her.

Schließlich erfahren Sie mit dem »What«, welche Lösungen es gibt und wie Sie das angestrebte Ziel erreichen können. Sie erhalten am Ende des Kapitels Handlungsempfehlungen, Checklisten und Team-Formate für Initiative und Förderung der Digitalen Fitness.

Wir wünschen Ihnen erkenntnisreiche Impulse und viel Erfolg bei der Weiterentwicklung für sich und Ihre Teammitglieder.

Prof. Dr. *Gerald Lembke* und *Nadine Soyez*
im April 2021

KAPITEL 1
DIE ZUKUNFT DER ARBEIT IST BEREITS GEGENWART

> Digitale Fitness ist für alle machbar!

Was ist Digitale Fitness? Haben Sie eine Haltung zu Ihrem Menschenbild? Digitale Fitness ist für alle machbar!

Es hat sich in Deutschlands Führungsetagen in allen Branchen und Unternehmensgrößen herumgesprochen: Die Digitalisierung von Arbeitsumgebungen und -abläufen ist unaufhaltsam, sei es in Homeoffices, komplett »remote« (ortsunabhängig) oder in hybriden Arbeitsumgebungen. Getrieben von Pandemie(n), Kundenanforderungen, Wettbewerbern aus der ganzen Welt und eigener Effizienztreiberei versprechen digitale Technologien die Steigerung von Produktivität und Kundenzahlen aus Homeoffices und Büros zugleich. Überall wird automatisiert, was nur automatisiert werden kann. Ganz harte Verfechter unter den Digitalisten gibt es auch. Dazu gehört die Bewegung der Transhumanisten. Deren Vertreter glauben an die Fehlerfreiheit von Maschinen und fordern gar die Substitution des Mitarbeiters durch Technologie.

Im Eifer der Optimierungen wird alles technisiert, was zu technisieren ist. In unserer deutschen Kultur stößt diese Bewegung weitgehend auf Widerstand, findet aber auch immer mehr Anhänger. Ihnen müssten Vertreter mit neoliberaler Überzeugung und ihrem ökonomischen Paradigma am ehesten folgen. Schaut man mit aktuellem Datenmaterial in die Unternehmen hinein, zeigen sich sogar motivierende Argumente für eine bedingungslose Digitalisierung menschlicher Arbeit.

Die internationale Studie »Digitalisierung 2020«[1] zum Beispiel belegt, dass jedes zweite Unternehmen aktuell in der Umsetzungsphase digitaler Aktivitäten feststeckt. Die Virtualisierung von Arbeit in Homeoffices und Remote-Teams gelang in der letzten Zeit vor allem, weil sie aufgrund der Pandemie musste, nicht weil sie geplant oder von den Mitarbeitern gewollt war.

Was Mitarbeiter wollen, spielt in Unternehmen historisch gewachsen sehr oft eine untergeordnete Rolle. Die Rolle wird noch unbedeutender, wenn digitale Verheißungen das Produktivitäts-Paradigma im Kopf von Unternehmern, Managern und Geschäftsleitungen drehen lassen. Wertschätzung, Feedback, Mitarbeitergespräche, Mitarbeitern zugewandte Führungsstile – um nur einige zu nennen – werden zu bloßen Instrumenten degradiert und von einer Schulungs- und Trainingswirtschaft den Führungskräften antrainiert – oft ohne Sinn, und vor allem ohne Gefühl.

Durch die menschliche Brille geschaut, zeigen sich die Grenzen der Digitalisierung. Dennoch sind die Chancen groß. Denn digitale Medien und Technologien können Mitarbeitern und Führungskräften eine wertvolle Hilfe sein, um mit der Geschwindigkeit der Arbeit zurechtzukommen – auch wenn sie vielerorts diese Geschwindigkeit erst verursachen. Der Mensch ist aber nun einmal keine Maschine, und die Mitarbeiterinnen und Mitarbeiter funktionieren nicht nach der Unermüdlichkeit und Logik einer Maschine.

> Digitale Fitness ist der Erfolgsfaktor für Ihr Unternehmen.

Damit wir Mensch und Maschine für die neuen Arbeitsformen in Einklang bringen können und der Mensch dabei die Oberhand behält, bedarf es eines Konzeptes der Digitalen Fitness mit dem Faktor Menschlichkeit, Gefühl und hinreichend Pragmatismus in Hinsicht auf die Ergebnisse von Führungs- und Teamarbeit. Letzteres zu gewährleisten, gehört zu den bewährten originären Aufgaben von Führungskräften, Ersteres ist für viele immer noch Neuland.

Die Corona-Krise hat die Arbeitnehmerschaft in Deutschland polarisiert, indem sie das seit Jahren zentrale Problem trotz technischen Fortschritts ans Tageslicht hob. »Unternehmen, die sich in den vergangenen Monaten um ihre Beschäftigten als Mensch und nicht nur als reine Arbeitskraft gekümmert haben, profitieren von einer hohen emotionalen Mitarbeiterbindung«, interpretiert Marco Nink, Mitarbeiter der im März 2021 erschienen Gallup-Studie[2]. Dort, wo Führungskräfte deutliche Defizite zeigten, hätten Mitarbeiter innerlich gekündigt. Sie seien bereit für einen Jobwechsel oder schauten sich schon nach einem neuen Arbeitgeber um.

Zusätzlich wird die Dringlichkeit für die Digitale Fitness durch eine weitere Studie der Bertelsmann-Stiftung motiviert.[3] Demnach glauben 85 Prozent der Befragten, dass Homeoffice und mobile Arbeit sich als alternative Arbeitsformen etablieren werden und dass digitale (Kommunikations-)Tools zum allgegenwärtigen Arbeitsmittel werden. Ein Zurück ins Jahr 2019 nach dem Motto »Alles wird wieder wie früher« wird es in der Wirtschaft nicht geben. Den Führungskräften wird nichts anderes übrigbleiben, als sich mit den Bedürfnissen der Mitarbeiter und mit der eigenen persönlichen und methodischen Entwicklung auseinanderzusetzen. Digitale Fitness erzeugt einen alternativlosen Sog. Und eines spüren alle Führungskräfte jetzt schon: Was im Büro nicht funktionierte, funktioniert im Homeoffice und im virtuellen Team erst recht nicht.

> Die Zukunft der Arbeit ist da – und die Führungskräfte sind nicht vorbereitet.

Welche Fähigkeiten müssen also für die Gegenwart und die Zukunft der Arbeit geschärft werden? Wie können Führungskräfte ihre Mitarbeiter und Teams für die unausweichlichen Digitalprojekte, Transformationsprozesse und Change-Aktivitäten im Unternehmen aktivieren und sie zugleich mitnehmen? Die Antworten finden sich in einem Bündel von Fähigkeiten, Verhaltensweisen und Einstellungen, das wir in diesem Buch die Digitale Fitness nennen.

Es handelt sich um ein Refresh-Programm für Führungskräfte, an dem aber auch Mitarbeiterinnen und Mitarbeiter mitwirken können. Denn der Erfolg beruht auf einem Mehr an Gemeinsamkeit, nicht auf einem Mehr an Tools für die Führungskraft. Der einen oder anderen Führungskraft wird das – dieses Gemeinsame – nicht leichtfallen. Denn die Führungskräfte wurden auf diese Veränderungen nicht vorbereitet und stehen mit den Herausforderungen im Arbeitsalltag oft sehr allein da – ohne Unterstützung, zusätzlich gefangen in ihrer selbst- oder fremdbestimmten Rolle. Umso mehr sind sie auf ihre Teams angewiesen. Wer das ignoriert, wird krank. Das kann gefährlich werden, wie die Studie »Global Leadership Forecast 2021« herausgefunden hat.[4] Aus ihr entnehmen wir, dass Führungskräfte und ihre Mitarbeiter in der COVID-19-Pandemie so schnell ausbrennen wie nie zuvor.

Besonders ihre eigenen virtuellen Führungsqualitäten interpretieren sie als schwach. Wir Führungskräfte müssen also (oft mit Auftrag von oben oder von Kunden) etwas bewegen, wofür wir weder Fähigkeiten noch Führungskompetenzen besitzen. Die Staufen-Studie »Digitalisierung 2020« bestätigt, dass sich in den letzten Jahren nicht viel getan hat auf diesem Feld.[5] Das Fachwissen der Arbeitnehmer über digitale Medien und Technologien ist mittelmäßig oder kaum entwickelt: »Ein großes Hindernis [...] ist das fehlende Digitalisierungs-Know-how bei den Führungskräften. Gut jedes fünfte

(21 %) Unternehmen hat hier klare Defizite und weitere 44 % räumen großen Nachholbedarf ein.«

Die Anforderungen sind dabei komplex. Nach der Meta-Studie von Liebermeister (2019) liegt das Defizit nicht allein in den mangelnden digitalen Kompetenzen. Es fehlt darüber hinaus an Kompetenzen in der Mitarbeiterkommunikation, einem Führungsstil auf Augenhöhe oder an den grundlegenden Fähigkeiten, Vertrauen zu seinen Mitarbeitern aufzubauen und zu festigen.

Doch es gibt Hoffnung. Erfahrungen in der Praxis zeigen, dass das Dilemma zwischen komplexen Anforderungen und Alltag zu bewältigen ist, wenn nicht alles und vor allem das Richtige richtig umgesetzt wird. Dass dabei nicht sofort und alles perfekt funktioniert, Fehler gemacht werden und Mitarbeiter sich erst einmal über das Neue wundern werden, das ihnen entgegengebracht wird, muss Motivation sein für eine neue Kultur der Zukunft der Arbeit. Dazu auch noch eine wissenschaftliche Zahl aus der Arbeitsmarktstudie des Personaldienstleisters Robert Half (2019): Drei Viertel (78 Prozent) der befragten Führungskräfte sind zuversichtlich, den digitalen Wandel mit ihrem aktuellen Team erfolgreich umsetzen zu können. Das gibt Mut! Also gehen wir es an :-)

Was ist Digitale Fitness?

Eine digital fitte Führungskraft beherrscht ein besonderes Bündel von Fähigkeiten, mit deren Hilfe sie in der neuen, digitalen Arbeitswelt

- ungeplante und unvorhersehbare Ereignisse analysiert,
- Entscheidungsalternativen herleitet und deren Umsetzung plant und konzipiert,
- im agilen Arbeitsumfeld gemeinsam mit ihrem Team diese Umsetzung realisiert und
- Tools als Werkzeuge einsetzt.

Quelle: Eigener Entwurf

Es handelt sich nicht um ein Kompetenzentwicklungsprogramm. Dann hätten wir das Buch »Digitale Kompetenz« genannt und hätten mit Alini (2016) die Anforderungen an die Führungskraft heute und in Zukunft auf eine allgemeine Fähigkeit eingeschränkt, nämlich mithilfe von digitalen Medien die aktuellen Herausforderungen zu lösen. Das ist zu kurz gegriffen. Digitale Medien und Technologien lösen nicht alle Herausforderungen. Ganz im Gegenteil, sie initiieren sogar neue Herausforderungen und fordern den Umgang damit, wie der Baustein »Mental Health« in Kapitel 7 zeigt. Der konstruktive Umgang mit den digitalen Risiken wie digitalem Stress und

Fehlverhalten in der digitalen Mediennutzung – das sich auch in Unternehmen zu einem Suchtverhalten entwickelt hat –, erfordert kreative Lösungsansätze.

Darüber hinaus bedienen wir uns aller vorgegebenen Definitionen und voreingenommenen Begriffsverständnisse alten und neuen Wissens, das uns die weiteren Bausteine für das Digital-Fitness-Programm liefert.

Ein zweiter Baustein ist »Leadership« in Kapitel 2, bei dem wir die Notwendigkeit betrachten, Altes loszulassen, um Neues beginnen und kommunizieren zu können. Denn wenn eine Technologie nach der anderen unseren Arbeitsalltag verändern wird, müssen wir uns auf den Umgang mit dem Neuen wohl oder übel einstellen. Das betrifft uns Führungskräfte, aber auch unsere Mitarbeiter und Teams. Je digitaler deren Arbeitsumgebungen sind, umso mehr müssen sie in der Lage sein, sich selbst zu organisieren, selbsttätig Entscheidungen herbeizuführen und in hybriden Teamstrukturen wirksam zu werden.

Den dritten Baustein nennen wir »Kompetenzen« (Kapitel 4) und legen hier den Fokus auf die Auswahl der richtigen Arbeitstools und der Verbesserung der Kommunikation zwischen Führungskraft und hybriden Teams – egal ob analog oder digital. Denn die Realität zeigt: Die ergebnis- und zielgerichtete Nutzung von digitalen (Kommunikations-)Tools folgt menschlichen Verhaltens- und Glaubenssätzen. Oder einfach gesagt: Wenn jemand in der analogen Welt wenig ergebnis- und zielorientiert kommuniziert, wird dieses Kommunikationsverhalten in der digitalen Arbeitswelt noch viel weniger wirken können.

Wenn wir schon bei der Leistungswilligkeit und -fähigkeit von Mitarbeitern und Teams sind, empfehlen wir Ihnen den Einstieg in den Baustein »High Purpose Teams« in Kapitel 3. In Anbetracht unseres Kulturwandels in einem sich wandelnden Verständnis von Zusammenarbeit greifen die bisher oft erfolgreichen monetären und materiellen Leistungsanreize nicht mehr umfassend. Sie bleiben für viele Menschen zwar wichtig, reihen sich aber gleichwertig in immaterielle und emotionale Leistungsanreize ein. Da Technik und Automatisierung aber keine Rücksicht auf immaterielle Leistungsanreize, und schon gar nicht auf die emotionalen Zustände unserer Mitarbeiter und Teams Rücksicht nehmen, zeigen wir hier den Umgang mit Bewusstsein, Sinn und Emotionen in hybriden und technischen Arbeitsumgebungen.

Pandemieerfahrungen und Studienerkenntnisse zeigen uns seit Jahren, dass der arbeitende Mensch ein soziales Wesen bleibt, und entscheidend für seine Leistung in der Zusammenarbeit mit anderen ist das Vertrauen. Wir zeigen im Baustein »Digital Trust« in Kapitel 6, dass dieses Vertrauen in hybriden Arbeitsumgebungen besonders erfolgsfördernd wirkt. Der Mitarbeiter nimmt eine andere Rolle ein, sobald er sich in das Firmennetzwerk einloggt, doch seine egoistischen Motivatoren und geistigen Haltungen bleiben. Anstatt zu versuchen, diese auszuschalten und sie den Interessen des Unternehmens unterzuordnen, sind Führungskräfte besonders erfolgreich, wenn sie es schaffen, mit Vertrauen und Verbundenheit die Diversität in den Teams anzuerkennen und sogar zu fordern – natürlich im Sinne der Ergebniserzielung.

Sie könnten abschließend mit diesem Konzept den Eindruck gewinnen, dass es ja gar nicht um einen Katalog der besten Management-Apps geht. Stimmt. Denn je digitaler die Welt wird, umso mehr werden Soft Skills zu den neuen Hard Skills. Die Apps bedienen sie heute und in Zukunft mit links. Sie sind zweitrangig. Die neuen Hard Skills aber werden wettbewerbsentscheidend sein, sowohl für die eigene Arbeitsbiografie als auch für den Unternehmenserfolg.

Haben Sie eine Haltung zu Ihrem Menschenbild?

Wir legen diesem Buch ein humanes Menschenbild zugrunde. Wir fordern in diesem Buch die Quadratur des Kreises. Immerhin versuchen wir Führungskräften, die mitten im Leben stehen und beruflich erfahren und motiviert sind, Empfehlungen für ihre Arbeit zu geben. Wir beeinflussen damit die Art und Weise, wie sie mit anderen Menschen umgehen. Es bedarf daher eines unmissverständlichen Commitments zu unserem humanen Menschenbild und der daraus abgeleiteten Haltung.

Wie sieht es mit Ihrem Menschenbild und Ihrer Haltung hinsichtlich Führung aus?

- Mitarbeiter sind einzigartig und von Grund auf gute Menschen.
- Eine Führungskraft hat ein Bewusstsein für und die Fähigkeit zur Selbstreflexion.
- Das menschliche Bewusstsein ist nicht nur auf das eigene Ich gerichtet, sondern auch auf das des Gegenübers, des Mitarbeiters.
- Jeder Mitarbeiter ist eine eigenständige, in sich wertvolle Persönlichkeit. Eine Führungskraft respektiert die Verschiedenartigkeit verschiedener Mitarbeiter.
- Jeder Mitarbeiter ist auf Selbstaktualisierung und Wachstum angelegt und zu Veränderung und Problemlösung fähig.
- Mitarbeiter haben die Fähigkeit, sich zu bilden und zu entwickeln. Sie haben das Recht, Ihre Talente, Potenziale und Kompetenzen zu entfalten und zu vervollkommnen.
- Teams können alle Entscheidungen, die ihre Arbeit betreffen, selbst bestimmen.
- Gruppenkohäsion entsteht über das selbstständige und flow-artige Zusammenwirken aller einzelnen Gruppenmitglieder.
- Mit gleichgeschalteten Standard-Management- oder Arbeitsmethoden Führungskräfte und Mitarbeiter über einen Kamm zu scheren, widerspricht der Natur der heutigen Mitarbeiter.

Dass dies nicht nur humanistische Dudelei im neuen Gewand ist, zeigt die Bertelsmann-Studie »Arbeit 2050«. Das Ergebnis einer groß angelegten

Expertenbefragung in dieser ersten und internationalen Delphi-Studie (Grundlage ist das weltweit bekannte Millennium Project) zeichnet ein deutliches Bild vom neuen und steigenden Wert der Mitarbeiterressourcen: Der Mensch wird noch stärker in den Mittelpunkt treten als es in den bekannten Human-Resource-Trends der 1970er- und 90er-Jahre geschehen ist.

Seine Wertigkeit wird umso mehr wachsen, je mehr Technologie in Unternehmen Einzug halten wird. Schließlich muss sie den menschlichen Interessen dienen. Qualitäten wie soziale Fähigkeiten werden für Führungskräfte wichtiger werden, damit sie die digitale Arbeit zwischen ihren Mitarbeitern und mit Menschen in den Hierarchien organisieren können. Führungskräfte mit Kontakten zu Kunden und Stakeholdern stehen ebenso vor der Herausforderung, die sozialen und persönlichen Bedürfnisse von Menschen mit drastisch geänderten Wertemustern im digitalen Konsum und der digitalen Kommunikation verstehen zu können.

Sollten Sie in Ihrem Unternehmen also auch noch so kleine Aspekte neuer Arbeit einführen wollen, heißt es nicht nur, andere zu führen, sondern auch, sich zu führen. Passen Sie auf sich auf. Sie steuern Gruppenphänomene, die Sie immer weniger beherrschen werden. Schaffen Sie ein zweifaches Bewusstsein – für sich und für Ihr Team: Geht es dem Team gut, geht es auch Ihnen gut und umgekehrt.

Noch ein Hinweis in eigener Sache: In diesem Buch legen wir besonderen Wert auf geschlechtsunabhängige Ansprache. Wir zollen ausdrücklich dem Engagement jeden Geschlechts Respekt, unabhängig davon, ob als weibliche, diverse oder männliche Führungskraft. Berücksichtigen Sie bitte, dass wir im Text aufgrund der Lesbarkeit nicht immer alle Geschlechter ausschreiben und bis ins letzte Detail durchhalten konnten.

KAPITEL 2
AGILES LEADERSHIP FORCIEREN UND MITARBEITERPOTENZIALE NUTZEN

- Wie Sie Altes loslassen und Neues wagen lernen
- Wie Sie Komplexität beherrschen
- Wie Sie bessere und schnellere Entscheidungen herbeiführen
- Wie Sie Selbstorganisation in hybriden Teams fördern
- Wie Sie mit Kontrollverlust umgehen

Das Why: Warum hybrides Arbeiten die Führungsrolle und das Mindset verändert

Vor dem Start dieses Buchprojektes stellten wir uns lange die leitende Frage, warum wir Menschen – sobald wir eine Führungsrolle im Unternehmen eingenommen haben – oft in ein instrumentelles Denken verfallen. Kern dieses Denkens ist, dass Mitarbeiter Mittel zur eigenen Zweckerfüllung sind Mit der Digitalisierung und den damit einhergehenden Veränderungen in unserer Gesellschaft birgt dieser Rückfall in alte Denkmuster Risiken, die sich nicht nur auf den Erfolg des Unternehmens auswirken können, sondern auch auf den individuellen Erfolg und damit auch auf die Zufriedenheit als Führungskraft. Die Arbeitswelt der Zukunft benötigt ein anderes Mindset: Das herkömmliche Führungsverständnis wird nicht mehr funktionieren.

> »Die Welt, so wie wir sie geschaffen haben, ist das Ergebnis unseres Denkens. Sie kann deshalb nicht geändert werden, ohne unser Denken zu ändern.«
>
> – Albert Einstein

Die Gegenwart und die Zukunft einer digitalisierten Arbeitswelt verlangen den Unternehmen viel ab. Das gilt sowohl für die an den Unternehmensprozessen beteiligten Mitarbeiter als auch für die Führungskräfte und Entscheider. In diesem Kapitel wird eine praktikable Art eines Führungsstils entwickelt, die in der digitalen Arbeitswelt zum Erfolg führt.

Häufig erscheint in diesem Zusammenhang das Buzzword »Digital Leadership«.[6] Tauchen wir in das Thema »Leadership« einmal tiefer ein. Mit einer einfachen Onlinesuche »Digital Leadership« in der bekanntesten Suchmaschine erhalten wir ungefähr 742.000.000 Ergebnisse (Stand 5. Februar 2021). Werten wir die ersten 100 Ergebnisse aus, ergibt sich ein Bild eines neuen Führungsverständnisses. Die Schlagworte wiederholen sich: digitale Transformation, neue Führungswelt, Mindset, neues Verhalten gegenüber Mitarbeitern, Arbeitsbedürfnisse erkennen, Mitarbeiterpotenziale fördern. Albert Einstein brächte es auf den Punkt, indem er uns sinngemäß vermutlich sagen würde: »Wir können Führungsverhalten nicht mit demselben Denken ändern, mit dem wir es geschaffen haben.«

> Kontrollverlust, Agilität und Selbstorganisation sind Treiber für die Digitale Fitness.

Doch wie war das noch gleich? Leadership heißt Führung auf Augenhöhe und mit gegenseitiger Wertschätzung. Eine digitale Variante dessen kann Ersteres vielleicht bedingt, Letzteres aber nicht ersetzen. Technik ist lediglich ein Hilfsmittel, ersetzt aber nicht das Anpassen von Führungsverhalten. Sie kann unterstützen, wenn sie sinnvoll, verantwortungsvoll und lediglich als Instrument zur Erfüllung von Führungsaufgaben angewandt wird.

> Je größer das Maß der Digitalisierung in einer Organisation, desto mehr Aufmerksamkeit braucht das Thema Menschlichkeit.

Der Mensch steht im Mittelpunkt der Führung! Betrachtet man aber die Führungspraxis in vielen Unternehmen, scheint eben das nicht der Fall zu sein. Spricht man mit mehreren Führungskräften, dann lassen sich die diversen Aussagen oft in zwei Kategorien einordnen: »Mensch im Mittelpunkt« versus »Zweck im Mittelpunkt«. Dies spiegelt sich auch in den dekadischen Zyklen aller Human-Resource-Trends der letzten 70 Jahre. Für die Gegenwart und vor allem für die Zukunft ergibt sich konkreter Entwicklungsbedarf. Komplexität und Digitalisierung sind in ihren umwälzenden Auswirkungen für die Gesellschaft noch nie so schnell und alternativlos aufgetreten wie in den 2020er-Jahren.

> Digitale Fitness heißt, Mitarbeiterführung auf die gegenwärtigen Bedürfnisse von Mitarbeitern zu richten.

Je mehr neue Technologien die Arbeit beeinflussen und dominieren, umso mehr erfordert die Digitale Fitness für Führungskräfte ein anderes Mindset – wir bezeichnen dies oft als »Growth Mindset«. Das gilt im Besonderen für Anforderungen an die Agilität und Dynamik in flexiblen Arbeitsumgebungen:

1. in virtuellen und hybriden Teams
2. in komplexen und agilen Projektumfeldern
3. im digitalen Transformationsprozess

> »Digital Leadership« liefert die Grundlage für die Digitale Fitness. Sie fasst alle Aktivitäten zusammen, die dazu beitragen, in technisierten Arbeitsumfeldern den zwischenmenschlichen Umgang und die Potenziale von Menschen zu fördern.

Der grundsätzliche Schmerz von Führungskräften

Arbeit in starren Strukturen und Hierarchien ist oft ein unaufhörlicher Abnutzungskampf.[7] Die Abnutzungserscheinungen vor allem in den ersten Jahren nach Übernahme von Führungsverantwortung sind besonders hoch. Immer mehr Mitarbeiter möchten nicht mehr Teil eines Abnutzungskampfes in starren Organisationen mit den Regeln ihrer Vorgängergeneration sein. Gespräche unserer Beratungsarbeit zeigen, dass dieser Abnutzungskampf altersunabhängig auf alle Mitarbeiter zutrifft.

Darunter leiden sowohl Führungskräfte als auch Mitarbeiter. Vermutlich ist das der Grund, warum junge Menschen immer weniger Lust auf Führungsverantwortung haben, wenn sie den Erzählungen ihrer Eltern und älteren Freunden lauschen. »Nein danke« zu Führung sagen 87 Prozent der deutschen Millennials. Im internationalen Durchschnitt liegt der Wert bei

78 Prozent.[8] Das ergibt die internationale Studie der Personalberatung ManpowerGroup von 2016.

> Je mehr die Unternehmung nach technisch-mechanistischen und standardisierten Regeln organisiert ist, umso stärker ist der Abnutzungskampf und die Widerstände von Mitarbeitern.

Mitarbeiter sind immer weniger bereit, für diesen Widerstand Energie aufzubringen. Das zeigt die SINUS-Studie (Calmbach 2016) über die Lebenswelten junger Menschen. Die diversen Wertekombinationen vieler junger Menschen sind zwar durchaus konservativ angelegt. Doch für die Selbstverwirklichung stören eben diese konservativen Werte. Man könnte auch sagen: Sie pflegen jene Werte, die ihnen den maximalen Nutzen individueller Entwicklung ermöglichen.

Die Arbeit von Führungskräften ist durch den täglichen Abnutzungskampf in den letzten Jahren verstärkt in Verruf gekommen. Das ist nicht verwunderlich. Einerseits steigt die Komplexität, unter anderem durch die Digitalisierung, Jahr für Jahr an. Andererseits bewegen sie sich als (Mit-)Gestalter von Arbeitssystemen stets in der Sandwich-Position zwischen Zweckorientierung einerseits und menschlichen Bedürfnissen andererseits. Viele Führungskräfte pendeln zwischen den Polen und schlagen sich im Zweifel auf die Seite der Zweckorientierung: Der Sinn des Unternehmens ist hier die Sicherung von Überleben und Gewinnzielung. Andere Ziele sind diesen unterzuordnen.

Eine Herausforderung liegt also darin, einen Mittelweg zwischen den Polen Kontrolle und Freiheit zu finden – für sich selbst und für die Mitarbeiter. Das bisherige Prinzip »Command & Control« hat damit ausgedient. Daraus ergibt sich aber die entscheidende Frage:

> Wie schaffe ich es als Führungskraft, ein antrainiertes Kontrollmuster neu zu interpretieren und steigende Komplexität besser zu managen?

Die Lösungsstrategie liegt in der Überwindung der mechanistisch-organisierten Logik von industriell geprägten Unternehmen. Dieses Kapitel zeigt, was Digitale Fitness für Leadership bedeutet. Sie determiniert die Potenzialentwicklung. Sie fördert nicht nur die Agilität und Selbstorganisation im Unternehmen, sondern steigert dadurch auch die Innovations- und Überlebensfähigkeit des Unternehmens.

> Nehmen Sie die Bedürfnisse und das Wissen von Mitarbeitern genauso ernst, wie Sie die Bedürfnisse Ihrer Kunden ernstnehmen?

Dass der Abnutzungskampf heute schon Realität ist, zeigen die Gallup-Studien und die Berichte der Krankenkassen der letzten Jahre. Der ansteigende Widerstand führt bei immer mehr Menschen in eine anhaltende bis wachsende psychische Belastung. Am Ende dieses Prozesses wird die Notbremse gezogen: innere Kündigung (unsichtbar) bis hin zu steigender Fluktuation (sichtbar) sind die Konsequenzen. Das ist Grund genug, sich mit der Wertediversität und den daraus resultierenden Bedürfnissen und Verhaltensweisen der Mitarbeiter intensiver zu beschäftigen.

Das How:
Herausforderungen und wie man diese löst

Use Case 1: Wie überwindet man alte Denkmuster und probiert Neues aus?

Der Schmerz im Organisationsalltag

Führungskräfte stehen seit der Corona-Pandemie an einer Wegkreuzung: Nach der Pandemie zurück in alte Arbeits- und Denkmuster oder die Chance nutzen und damit die gewonnenen und umgesetzten Schritte hin zu einer zukunftsweisenden Arbeitswelt weiter umsetzen? Unternehmen, die sich für Letzteres entscheiden, werden sich am Markt langfristig durchsetzen. Aus der damaligen Pandemie-Not ist ein erfolgreiches Experiment geworden. Festgefahrene und starre Strukturen und Abläufe wurden verlassen. Der Umgang mit digitalen Medien ist zu einer neuen Selbstverständlichkeit aller Mitarbeiter geworden. Das macht Hoffnung.

> **Angst um meinen Job**
> Seit COVID-19 haben Führungskräfte schnell und mit einer kleinen Anzahl von Mitarbeitern Entscheidungen getroffen – selbst bei großen strategischen Veränderungen wie der Einführung neuer Tools und Digitalisierung von Arbeitsprozessen. Sie sagten: »Hey, wir haben in zwei Wochen Entscheidungen getroffen, die früher zwei Jahre gedauert haben. Können wir das nicht die ganze Zeit so machen?« Doch die Befürchtungen ließen nicht lange auf sich warten. »Werden nicht ganze Teile des mittleren Managements wegfallen? Werde ich meine bewährten Machtinstrumente wie das Kontrollieren und das alleinige Wissen über die Ziele noch anwenden können? Wie sehen die Alternativen aus? Welchen Fokus setze ich, um die Erfahrungen nach-

haltig im Unternehmen zu behalten, ohne das Gefühl von Kontrolle und Macht abgeben zu müssen?«

Richten wir unseren Blick einmal in die berühmte Glaskugel, die die Zukunft voraussagt. Die neuen Technologien und die KI (künstliche Intelligenz) werden Managementhierarchien und die Art und Weise von Entscheidungsfindungen unwiderruflich verändern. Maschinelles Lernen und die statistischen Techniken neuester Technologien werden zu zentralen Entscheidungshilfen. Mitarbeiter werden Entscheidungen autonom und selbstorganisiert treffen – ohne Führungskraft. Kontrollhierarchien werden nicht mehr benötigt. Managementhierarchien werden sich auf ein Minimum reduzieren. Die klassischen Machtinstrumente werden verschwinden. Führungskräfte werden nicht mehr das vollkommene Wissen haben, um die bestmöglichen Entscheidungen allein treffen zu können. Das wirft einige Fragen für die aktive Führungskraft auf:

- Wie kann ich Mitarbeiter ohne gefühlten Kontrollverlust virtuell steuern?
- Wie kann ich die Kultur zu mehr Agilität und Selbstorganisation verändern?
- Wie kann sich die Denkweise meiner Kollegen ändern?
- Was kann ich konkret tun, um meine Organisation agiler zu machen?

Hintergrundwissen für Führungskräfte

Für Führungskräfte kann sich die Existenzfrage stellen. Welchen Anteil besitzen sie für die Wertschöpfung im Unternehmen noch? Einen erfolgreichen Lösungsansatz sehen wir in den Fähigkeiten aktiver Potenzialarbeit mit Mitarbeitern. Das können neue Technologien nicht. Führungskräfte werden in Zukunft die verantwortlichen Personalentwickler in ihren Teams sein. Sie identifizieren und entwickeln die Potenziale ihrer Mitarbeiter, sodass diese autonom, flexibel und agil Entscheidungen herbeiführen können. Diese Rolle macht Führungskräfte unentbehrlich!

Bereits seit den 1990er-Jahren wird in der Management-Szene diskutiert, welche Bedeutung das mittlere Management für die Wertschöpfung hat. Mit dem weltweiten Bestseller *Reengineering des Unternehmens* riefen Hammer und Champy 2006 die »Leistungsrevolution« aus und griffen die Bedeutung der mittleren Führungskräfte für die Wertschöpfung an. Sie forderten, die Rolle der Führungskraft müsse sich grundsätzlich ändern.

> Letztendlich geht es nicht (mehr) ums System. Es geht nicht um die Form. Es geht darum, ob die direkte Führungskraft Mitarbeitern hilft, den Wert ihrer Arbeit zu verstehen und diese innerhalb einer umfassenderen Strategie umzusetzen.

Der Veränderungsdruck seitens der Mitarbeiter wird durch einen Wertewandel genährt, der den veränderten Anspruchshaltungen unserer Mitarbeiter entspringt. Mitspracherecht, Wertschätzung, stetiges Feedback, Selbstverwirklichung sind nur einige Ansprüche, die mit den jüngeren Generationen in unsere Unternehmen kommen. Wir spüren, dass die erlernten Methoden und Techniken aus unserer eigenen beruflichen Sozialisation und Ausbildung immer weniger Resonanz bei den Mitarbeitern erzeugen. Mitarbeiter werden in Zukunft nicht mehr Befehlsempfänger sein, sondern eine aktivere Rolle in der Wertschöpfung einnehmen.

> Führungskräfte sind dafür verantwortlich, Raum für die Potenzialentfaltung ihrer Mitarbeiter zu bieten.

Daten, Systeme und Werkzeuge wie Mitarbeitergespräche stellen eine zusätzliche Belastung für Mitarbeiter dar. Was sie hingegen wirklich brauchen, ist Echtzeit-Feedback von Mensch zu Mensch. Denn Mitarbeiter fordern bessere Führungskräfte, bessere Lernmöglichkeiten on the Job und ein besseres Coaching, damit sie ihre »PS auf die Straße« bringen können. Statt durch Kontrolle jede Autonomie und Agilität im Keim zu ersticken, fördern andere Führungsinstrumente die Selbstwirksamkeit des einzelnen Mitarbeiters und die Leistungsfähigkeit von Teams und Unternehmen.

Was muss ich als Führungskraft jetzt tun?

Beginnen Sie gemeinsam mit Ihrem Team, berufliche Erfahrungen als Lernerfahrungen zu begreifen, und helfen Sie, diese in der Organisation zu verankern. Damit dies funktioniert und dauerhaft als kultureller Wert im Unternehmen verankert wird, liefern uns die Erfahrungen der »Lernenden Organisation« heute hilfreiche Gestaltungsansätze.[9] Aus den Erfolgen zahlreicher Umsetzungsversuche in den letzten 20 Jahren haben sich neuere Lernerkenntnisse ergeben. Die Initiativen wurden in der Vergangenheit ausschließlich vom Personalbereich und der Personalentwicklung initiiert und betreut. Personalentwicklung kann und sollte die Organisationsentwicklung begleiten, kann jedoch nicht als alleiniger Treiber wirken. Trainings für Führungskräfte mit praktischem Ausprobieren, Experimentieren und Handeln finden nur selten statt. »Noch so ein neuer Change-Management-Trend!«, äußern viele und oft am Ende dieser Trainings.

> Organisationen lernen nur durch Individuen, die selbst lernen. Individuelles Lernen ist jedoch keine Garantie für organisatorisches Lernen. Aber ohne es, findet kein organisatorisches Lernen statt.[10]

Es gibt einen Unterschied zwischen Training und Lernen. Das Training konzentriert sich oft auf die Arbeit, die Sie gerade ausführen. Lernen basiert auf eigenen Erfahrungen. Um eigene Lernerfahrung zu gestalten und Neues auszuprobieren, müssen Unternehmen mehr Experimente wagen.

Das weiß auch Peter Senge, einer der Gründerväter des Begriffs »Lernende Organisation«, Autor des bekannten Buches »Die fünfte Disziplin: Kunst und Praxis der lernenden Organisation« und Dozent am MIT. Nach seinen Erfahrungen scheitert eine innovative Lernkultur an den folgenden fünf Disziplinen:

1. Personal Mastery (Disziplin der Selbstführung und Persönlichkeitsentwicklung)
2. Mentale Modelle
3. Gemeinsame Vision
4. Team-Lernen
5. Systemisches Denken

Aus unserer Erfahrung aus zahlreichen Projektbegleitungen sollte einiges aus den Disziplinen angepasst und übernommen werden. Für uns greifen wir zwei Disziplinen heraus, da sie für die Entwicklung der Digitalen Fitness wichtig sind. Es handelt sich um »Personal Mastery« und »Team-Lernen«. Warum diese? Eine (ideale) lernende Teamorganisation weist ein Unternehmensklima auf, in dem das persönliche Wachstum von Mitarbeitern entscheidend ist, um ihre Potenziale auf allen Ebenen voll einzubringen.

> Misserfolg entsteht dann, wenn man aufhört, es zu versuchen.

Doch allein dadurch lernt eine Organisation nicht. Es bedarf einer für alle Mitarbeiter selbstverständlichen Lernkultur auf Teamebene und idealerweise im gesamten Unternehmen. Für die Umsetzung dieses Ziels gelten drei Voraussetzungen: der Aufbau gemeinsamer Visionen, die Erfüllung von Personal Mastery und die Fähigkeit von Mitarbeitern, gemeinsam arbeiten und Dinge ausprobieren zu können.[11]

»Manage the system, not the people.«

Für viele Unternehmen besteht die Herausforderung darin, zu beginnen. Raus aus alten Denkmustern und Neues ausprobieren. Im Folgenden zeigen wir Ihnen drei Tools, wie Sie den Start in eine neue Experimentier- und Lernkultur schaffen können und somit Ihrer Rolle als Führungskraft eine neue Bedeutung geben und diese mit neuer Energie aufladen können.

Tool 1: Exploration Days – »Altes Loslassen – Neues ausprobieren«

Ein sehr effektiver Weg, um Altes loszulassen und Neues zu lernen, ist die Organisation eines Exploration Day oder Education Day. Manchmal werden diese auch Hackathons oder ShipIt-Tage genannt. Ziel ist es, Mitarbeiter zu persönlichem Wachstum anzuhalten und Lernen als Wert in seinem Verantwortungsbereich einzuführen und zu festigen. Mitarbeiter sollen zum Experimentieren motiviert werden.

Einsatzgebiete sind alle Funktionsbereiche mit steigendem Innovationsbedarf: Marketing, Vertrieb, Produktion, Logistik, Kundenmanagement, individuelle Mitarbeiterentwicklung, Learning on the Job, Team-Lernen.

Mit Exploration Days fordern und fördern Sie das Ideenpotenzial Ihrer Mitarbeiter. Diese erfahren Wertschätzung für ihr Potenzial und steigern ihre intrinsische Motivation.

Durchführung eines Exploration Day

Nehmen Sie sich einen Tag Zeit und laden Sie Ihre Mitarbeiter dazu ein, gemeinsam zu lernen und sich zu entwickeln. Lassen Sie sie Experimente durchführen und neue Ideen ausprobieren.

Planen Sie den Exploration Day einige Wochen im Voraus, sodass jeder sich den Tag im Kalender blocken kann und weiß, dass dieser Tag für »Innovationen und Lernen« genutzt wird. Sie können auch fixe Tage einführen, wie beispielsweise jeden letzten Freitag im Monat oder im Quartal, je nachdem, wie häufig Sie einen solchen Tag durchführen möchten.

Geben Sie Ihren Mitarbeitern Zeit, kreativ zu sein. Alles, was innerhalb dieser »Innovations-Zeit« passiert, muss messbar sein. Setzen Sie für den Exploration Day genaue Ziele: Was soll geliefert werden, was soll dabei herauskommen und anhand welcher Metriken wollen Sie messen, dass die Zeit wertvoll war?

Sammeln und brainstormen Sie im Vorfeld Ideen, die an diesem Tag diskutiert und ausprobiert werden sollen, sodass Sie eine konkrete Agenda haben. Setzen Sie dazu eine Art »Innovations- und Lern-Backlog« (z. B. ein geteiltes Dokument) auf, zu dem jeder Mitarbeiter Zugriff hat und wo er Ideen für Innovationen hinzufügen kann. Lassen Sie die Mitarbeiter priorisieren und darüber gemeinsam entscheiden. Entscheiden Sie selbst nicht, welche Ideen am Exploration Day zum Zuge kommen.

Starten Sie den Tag mit 30 Minuten Planung. Gehen Sie dann in die Experimentierphase, gerne in mehreren Teams. Geben Sie für diese Phase genaue Zeiten durch. Am Ende sollte jedes Team die erreichten Ergebnisse präsentieren. Entstehende To-dos sollten in eine Aufgabenliste übernommen und Verantwortlichkeiten zur Umsetzung geklärt werden.

Lassen Sie Ihre Mitarbeiter diesen Tag gestalten und die Experimente durchführen. Überlegen Sie sich als Teamleiter genau, wann Sie in das Experimentieren eingreifen und wann Sie sich besser zurückhalten. Als gute Führungskraft stehen Sie jederzeit zur Verfügung, um Anleitung zu geben. Es ist also auch wichtig, den Teams bewusst zu machen, dass Unterstützung da ist, wenn sie gebraucht wird. Andernfalls kann es passieren, dass großartige Ideen im Sande verlaufen, weil die Mitarbeiter nicht wissen, wie sie ihre Idee umsetzen können.

Tool 2: Experimente im Team fördern den Celebration Grid

Das Celebration Grid[12] ist eine Art Retrospektive und zeigt, welche Experimente gelungen sind, wo neue Praktiken positive Ergebnisse geliefert haben und wo aus Misserfolgen gelernt wurde. Sie bringen in Erfahrung, wo ein Mitarbeiter etwas Neues gewagt und welche Erfahrungen er damit gemacht hat. Es trägt auch dazu bei, die Zukunft der Arbeit und des Tagesgeschäftes zu entwickeln.

Das Tool eignet sich für Team-Lern-Sessions, alle Formen von Mitarbeitergesprächen, Workshops für zukünftige Unternehmenskulturen, die Erarbeitung einer Team-Fehlerkultur und die Festigung von virtueller Vertrauensarbeit.

Sie fördern damit spielerisch die Potenziale der Mitarbeiter zutage. Sie stellen gemeinsam bewährte Denkweisen und Arbeitsprozesse aktiv infrage. Sie zeigen die Bereitschaft, diese sofort und proaktiv durch komplett andere zu ersetzen. Eingefahrene Wege, Systeme und Strukturen verlieren mit der Zeit mehr und mehr an Bedeutung und Gültigkeit.

<u>Durchführung eines Celebration Grid</u>
Gemeinsam mit Ihrem Team tragen Sie die Arbeitserfahrungen und Praktiken der letzten Monate ein und unterteilen sie mithilfe des Celebration Grids in sechs Bereiche. Nutzen Sie die Struktur der folgenden Abbildung und Beschreibung.

CELEBRATION GRID

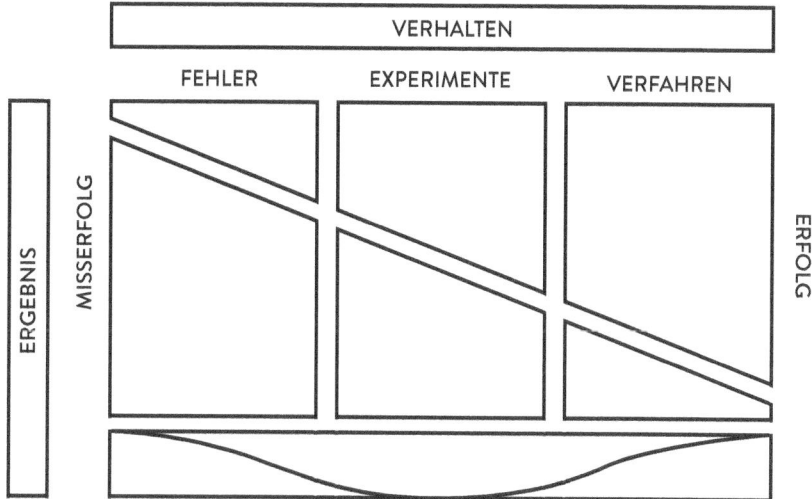

Bewährtes mit Neuem verbinden mit dem »Celebration Grid«
Quelle: Management 3.0.com https://management30.com/practice/celebration-grids/

Schauen Sie gemeinsam zurück und besprechen Sie:

- bewährte Praktiken und Vorgehen
- Experimente, die gelungen sind
- Experimente, die misslungen sind
- Fehler, die ein Glück waren
- Fehler, die echte Misserfolge waren

Tool 3: Spielen Sie das Change Management Game

Mit dem Change Management Game[13] reflektieren Sie auf spielerische Art und Weise das Organisationssystem, Teamstrukturen, Interaktionen und das Organisationsumfeld vor allem in virtuellen und hybriden Arbeitsumgebungen. Es fördert den Erfahrungsaustausch über den Einsatz neuer Technologien und digitaler Medien und kann sehr gut in Retrospektiven eingesetzt werden.

Die Einsatzbereiche für das Tool sind temporäre oder dauerhafte virtuelle und hybride Arbeitsumgebungen, z. B. durch Homeoffices, Remote- oder hybride Teams sowie internationale Teams. Es eignet sich für die strategische Umsetzung von digitalen Transformationen, Veränderungsprojekten und ähnlichen Organisationsentwicklungsmaßnahmen.

Aber Vorsicht! Dieses »Spiel« liefert Ihnen keine Antworten. Es dient lediglich zur Selbstreflexion existierender Abläufe, Strukturen und Werte. Gehen Sie einen Schritt zurück, bevor Sie zwei Schritte vorangehen, schauen Sie mit Ihrem Team nach innen und ergründen Sie, warum Sie und das Team tun, was Sie tun.

So spielt man das Change Management Game

Das Spiel besteht aus einem Kartenset mit 34 Fragen (Kartensets können Sie im Internet bestellen unter https://management30.com/shop/change-management-game). Die Mitarbeiter (Spieler) werden aufgerufen, basierend auf den Fragen, die sie auf den Karten vor sich sehen, sich gegenseitig Geschichten über erfolgreiche Veränderungen zu erzählen und über eigene Erfahrung zu berichten.

Die folgenden Beispiele veranschaulichen, wie Karten bzw. Fragen im Einzelnen aussehen können.

Plan-Do-Check-Act:

- Was ist das Ziel?
- Was sind die entscheidenden Schritte?
- Wie sammeln wir Feedback und messen die Ergebnisse?
- Wie beschleunigen wir die Ergebnisse?

ADKAR®-Modell[14] (Awareness, Desire, Knowledge, Ability and Reinforcement):

- Wie werden wir kommunizieren?
- Was ist wünschenswert und wie erreichen wir dies?
- Wer wird neues Wissen vermitteln?
- Wie können wir es einfach machen, sodass Veränderungen akzeptiert werden?
- Wie können wir Veränderungen nachhaltig gestalten?

Verändern Sie das Umfeld: Das 5-I-Modell (Information, Identität, Anreize/Incentives, Infrastruktur, Institutionen):

- Wie erleichtern wir die Kommunikation? Wie werden Informationen weitergegeben?
- Wie entsteht eine Gruppenidentität?
- Wie ermutigen wir zu gutem Verhalten?
- Welche Barrieren und Wege zum Erfolg gibt es?
- Wer kann die Regeln machen?

Use Case 2: Empowering people – Wie gelangt man zu mehr Selbstorganisation ohne Kontrollverlust?

Der Schmerz im Organisationsalltag

Keine gesellschaftliche und wirtschaftliche Entwicklung hat die Gegenwart in einem derart schnellen Tempo geprägt und zugleich die Zukunft so unsicher gemacht wie die Digitalisierung. Hinzu kommen die gesellschaftlichen Werteveränderungen und die makroökonomischen Herausforderungen, wie die oben zitierten Studien aufgezeigt haben.

Unternehmen sind grundsätzlich komplexe Systeme. Die Dynamik der digitalen Transformation verschärft dies. Damit Menschen Komplexität beherrschen, tun sie Folgendes: Sie zerlegen das Problem in viele kleine Teilprobleme, geben ihnen eine Struktur in Form von Stellenbeschreibungen, Stellenplänen, Abteilungen, Bereichen, definieren die Aufgaben bis ins Detail vor und setzen dieser Organisation einen Chef vor, dessen Hauptaufgabe es ist, die Funktionsweise dieser »Maschinerie« mit seiner Macht durchzusetzen und zu kontrollieren. Das Ziel ist es, Kontrolle und Macht ausüben zu können.

Tool-Einführung

Die häufigste Herausforderung in Unternehmen ist es, Mitarbeiter mit geringer technischer Affinität für neue digitale Arbeitsformen zu begeistern. Sie als Führungskraft haben zum Beispiel das Projekt bekommen, eine neue Software für die Remote-Zusammenarbeit auszuwählen. Nachdem ein externer IT-Dienstleister das Tool implementiert und Schulungen durchgeführt hat, stellen Sie fest: Ihre Mitarbeiter nehmen die Anwendung nicht an. Dabei haben Sie doch mit der IT alles geklärt! Auf Nachfragen hin erzählt einer Ihrer Mitarbeiter Ihnen, dass das neue Tool komplett an den Bedürfnissen im

Arbeitsalltag vorbeigeht und keinen Nutzen stiftet. Vertrauensvoll sagt er Ihnen: »Wenn wir mitentschieden hätten, wäre das It-Projekt ein voller Erfolg geworden. Denn wir wissen am besten, was wir brauchen. Jetzt ist wenig Budget übrig für ein passendes Tool.«

In diesem Use Case liefern wir Wissenswertes und Tools, um sich auf den Weg zum Kontrollverzicht zu machen.

Hintergrundwissen für Führungskräfte

Der emeritierte Professor für theoretische Psychologie und Komplexitätsforscher Dietrich Dörner ist einer der bekanntesten deutschsprachigen Wissenschaftler, der sich in den letzten 40 Jahren mit komplexen Systemen auseinandergesetzt hat. Dörner hat Bedingungen für Handlungsstrategien in komplexen Systemen formuliert: Ähnliche Bedingungen erfordern unähnliche Maßnahmen. Sollten wir gestern ein Problem gelöst haben, und ein ähnliches Problem taucht erneut auf, werden wir dieses ähnliche Problem nicht mit derselben Maßnahme lösen können wie das vorangegangene. Führungskräfte entwickeln dann das Gefühl und die Angst der Inkompetenz durch fehlende Kontrolle und geringe Effizienz des Handelns.

Diese Angst im Kleinen wie im Großen löst bestimmte Prozesse und Verhaltensweisen aus. Eine der Konsequenzen ist es, dass wir auf die in der Vergangenheit verankerten Lösungsroutinen zurückgreifen. Sie erscheinen uns bewährt. Und in Situationen mit geringer Komplexitätstiefe können antrainierte Lösungsroutinen durchaus ein probates Mittel für die Lösungsfindung sein.

»Schnelles Handeln ist nicht verträglich mit langem Nachdenken«
Dietrich Dörner

Doch Veränderungen wie digitale Transformationsprozesse oder neue virtuelle und flexiblere Arbeitsweisen rütteln an den bewährten Routinen. Sie tun aber noch viel mehr im Prozess der Entscheidungsfindung.

Welche Überzeugungen prägen Ihr mentales Modell?

Agiles Handeln in komplexen und digitalen Situationen benötigt mehr Selbstorganisation Ihres Teams. Das »Dark Principle« besagt, dass jeder Mensch nur ein unvollständiges Bild und unvollständige Informationen von einem Ereignis hat. Niemand hat alle Informationen zur Verfügung, um sich ein Gesamtbild der vorherrschenden Situationen zu machen. Deshalb sind Führungskräfte nicht in der Lage, allein optimale Entscheidung zu treffen. Warum sollten Entscheidungen nicht gemeinsam oder von anderen Teammitgliedern getroffen werden?

Um gute Entscheidungen zu treffen, braucht man ein mentales Modell des Sachverhalts oder des Systems. Daher ist es vorteilhaft, Entscheidungen an eine kleinere Einheit zu delegieren, die über bessere Informationen verfügt, um die richtige Entscheidung zu treffen und selbstorganisiert zu entscheiden (Subsidiaritätsprinzip). Zum Beispiel haben Mitarbeiter, die täglich Kundenkontakt haben, das beste Kundenwissen und sollten bei Entscheidungen zu Produkten, Service, Marketing und Vertrieb bestmöglich eingebunden werden.

Lernen Sie die verschiedenen Delegationsstufen zu verstehen, die Sie bei Entscheidungen heranziehen können.[15] Sie werden dies für die Umsetzung im Tool 4 »Delegation Poker« benötigen.

Die sieben Delegationsstufen (Delegationslevel):

1. Anweisen: Ich weise an, ohne Diskussion.
2. Verkaufen: Ich entscheide, aber ich versuche, den Delegationsempfänger zu überzeugen.
3. Konsultieren: Ich hole mir verschiedene Meinungen ein und entscheide dann selbst.
4. Vereinbaren: Wir treffen die Entscheidung gemeinsam, im Team.
5. Beraten: Ich gebe Rat, lasse aber vom Team entscheiden.
6. Erkundigen: Ich erkundige mich, nachdem die Entscheidung durch das Team gefallen ist.
7. Delegieren: Ich delegiere vollständig und muss nicht mehr informiert werden.

> Richtiges Delegieren bringt nicht nur mehr Verantwortung und Selbstorganisation ins Unternehmen und ermöglicht besseres Entscheidungsverhalten, sondern verschafft Ihnen gleichzeitig Freiraum für die wesentlichen Aufgaben.

Mehr Selbstorganisation und Loslassen seitens der Führungskraft ist die Devise für erfolgreiche zukünftige digitale Arbeitsumfelder. Das heißt:

- Teams organisieren sich selbst und koordinieren sich, um Antworten zu finden.
- Mitarbeiter können Wissen und Erfahrungen einbringen.
- Führungskräfte schaffen ein gutes Umfeld und geben die strategische Richtung vor.
- Es herrscht eine Balance zwischen Regeln und Delegation.

Was muss ich als Führungskraft jetzt tun?

Digitale Fitness bringt eine neue Form der Führungsarbeit mit sich. Sie dachten, Sie hätten alles im Griff. Sie waren als Führungskraft mit dem Ziel der Geschäftsleitung committed und hatten keinen Zweifel, dass das Tool Mehrwert stiftet. Doch die Mitarbeiter waren offenbar anderer Meinung. Haben Sie sie vorher gefragt? Hatten sie Möglichkeiten, an diesem Entscheidungsprozess teilzuhaben?

Wenn Entscheidungen verteidigt werden müssen, die von oben getroffen wurden, ist es schon zu spät. Die Auffassung, Entscheidungsfindungen im Unternehmen noch vollumfänglich im wahrsten Sinne des Wortes beherrschen zu können, indem man sie allein und selbst trifft, verhindert jegliche Form von Agilität und ist nicht mehr durchsetzbar.

Eine Führungskraft kann keine Entscheidungen mehr ohne ihr Team treffen. Es führt kein Weg daran vorbei, die Förderung von selbstorganisierten Teams in die Wege zu leiten und Mitarbeiter in Entscheidungsprozesse miteinzubeziehen. Und auch das haben wir aus der Praxis von komplexen Systemen gelernt: Selbstorganisation geschieht nicht über Nacht, sondern Schritt für Schritt. Wir empfehlen, sich dieser Arbeit erneut auf spielerische Art und Weise zuzuwenden. Dazu schlagen wir die Tools »Delegation Poker« und »Meddlers Game« vor.

Tool 4: Delegation Poker

Mit dem Management-3.0-Tool »Delegation Poker«[16] lernen Sie neue Formen von Entscheidungsprozessen und Selbstorganisation im Team. Sie fördern damit das Engagement Ihrer Mitarbeiter durch kontrollierte Selbstorganisation und klare Entscheidungen. Sie analysieren und verbessern Entscheidungsprozesse und -verhalten in wichtigen Kernabläufen. Das Tool hilft zu klären, wer wofür und in welchem Bereich verantwortlich ist. Entscheidungsverhalten und Verantwortlichkeiten werden so transparent.

Das Tool kann eingesetzt werden für die Organisation von hybriden Teams und der damit verbundenen Aufgabenaufteilung, für die vollständige Virtualisierung von Arbeitsinhalten sowie für die Delegation von Aufgaben in virtuell-hybriden Teams.

Als Ergebnis liefert Ihnen das Tool klare Verantwortlichkeiten, schnelle Kommunikation an alle beteiligten Teammitglieder und eine Förderung der selbstorganisatorischen Potenziale von Mitarbeitern und Teams. Die Abläufe in der täglichen Arbeitsbewältigung werden schnell verbessert.

Durchführung des Delegation Poker

Zu Beginn sollten alle Beteiligten die sieben Delegationsstufen (Delegationslevel) kennen und verstehen (siehe weiter oben).

Die Teilnehmer überdenken das Entscheidungsverhalten ihrer Führungskraft und werden verantwortlich mit auf den Weg genommen, als selbstorganisiertes Team künftig Entscheidungen mitzutragen, um Komplexität zu managen. Mit dieser einfachen Methode übertragen Sie spielerisch mehr Verantwortung, ohne dabei einen Kontrollverlust zu erfahren.

Die Teammitglieder wiederholen dann die folgenden Schritte für jeden vordefinierten Fall:

1. Definieren Sie die Entscheidungsbereiche und spielen Sie alle Bereiche durch. Beschreiben Sie pro Bereich eine oder mehrere konkrete Situationen.
2. Jeder Spieler erhält ein Set von sieben Karten, eine Karte pro Delegationslevel.
3. Jeder Spieler wählt für sich für den genannten Entscheidungsbereich eine von sieben Delegationskarten aus und überlegt, wie er die Entscheidung in dieser bestimmten Situation delegieren würde.
4. Sobald sich alle Spieler entschieden haben, können sie ihre ausgewählten Karten aufdecken.

5. Jeder Teilnehmer erhält Punkte entsprechend dem Wert (der Delegationsstufe) seiner Karte.
6. »Spielen« Sie entweder nach dem Prinzip »Höchste Minderheit« oder »Niedrigste Minderheit« oder kombinieren Sie beide – damit vermeiden Sie, dass bestimmte Personen immer die niedrigste oder die höchste Delegationsstufe wählen – z. B. kann die Projektleiterin Angst haben, die Kontrolle zu verlieren und deshalb immer die niedrigste und strengste Delegationsstufe wählen. Die »Höchste Minderheit« verhindert, dass sich ein Teammitglied immer für die höchste Delegationsstufe sieben »komplett Delegieren« entscheidet (überdelegieren). Außerdem müssen die Spieler mit dem jeweils höchsten und niedrigsten Level ihre Wahl begründen. Nur wenn sich mehr Teammitglieder als einer für eine Delegationsstufe entschieden haben, erhalten die Spieler die Punkte und die Stufe wird für die Diskussion ausgewählt.
7. Das Ziel des Delegationspokers ist es, Konsens für die verschiedenen Entscheidungslevel zu erhalten. Gibt es Uneinigkeit, wird eine neue Runde gespielt und über das gewählte Szenario neu abgestimmt, bis sich alle Spieler einigen können.
8. Erstellen Sie am Ende des Spiels ein Delegations-Board, das die wichtigsten Entscheidungsbereiche und die vereinbarten Entscheidungslevel dokumentiert.

Tool 5: Meddlers Game

Mit dem Management-3.0-Tool »Meddlers Game«[17] verfolgt man das Ziel, Organisationsstrukturen zu visualisieren und zu diskutieren. Die Organisationsstruktur hat einen großen Einfluss darauf, wie eine Organisation funktioniert und wie die Menschen die Hierarchie und die Kommunikation empfinden. Mit diesem Spiel finden Sie heraus, ob die vorherrschende Struktur und Kommunikation die Mitarbeiter eher behindert oder fördert. Das Team kann die eigene Rolle definieren, damit ein Wandel im Unternehmen besser gemanagt werden kann, z. B. agil in einem geografisch verteilten Team zusammenarbeiten, Organisationsstrukturen an das agile Management anpassen, mit Abhängigkeiten zwischen Teams umgehen, oder Sie erlauben Teams, sich selbst zu organisieren.

Mit dem Tool »Meddlers Game« lernen Sie,

- mit mehreren Produkten und Produktverantwortlichen zu arbeiten;
- agil in einem geografisch verteilten Team zusammenzuarbeiten;
- Organisationsstrukturen an das agile Management anzupassen;
- eine Organisationsstruktur agil wachsen zu lassen;
- Spezialisierung und Generalisierung auszubalancieren;
- zwischen funktionalen Teams und funktionsübergreifenden Teams zu entscheiden;
- mit Abhängigkeiten zwischen Teams umzugehen;
- Teams als Werteinheiten als Teil eines Wertschöpfungsnetzwerks zu behandeln;
- Teams zu erlauben, sich selbst zu organisieren;
- Mitarbeiter zu befähigen, ihre Rollen innerhalb eines Teams oder Unternehmens zu definieren.

Durchführung des Meddlers Game
Beschreiben Sie zu Beginn des Spiels eine gewünschte Situation oder ein Ziel. Lassen Sie die Spieler mithilfe der Meddlers-Karten Rollen, Regeln und Zusammenarbeit im Team und zwischen den Teams visualisieren. Ein funktionales Team enthält nur Personen mit der gleichen Rolle. Ein funktionsübergreifendes Team besteht aus Personen mit unterschiedlichen Rollen.

KAPITEL 3

HIGH-PURPOSE-TEAMS FÜR DIGITALE PERFORMANCE SCHAFFEN

- Warum mehr Technik nicht mehr Erfolg bringt
- Wie Sie die Nutzerakzeptanz von neuen Technologien verbessern
- Warum virtuelle Arbeit Bewusstsein und Werte braucht
- Wie Sie Employee Experience umsetzen
- Wie Sie die Motivationstreiber von Mitarbeitern herausfinden

Das Why: Warum Employee Experience entscheidend für den Erfolg in der digitalen Arbeitswelt ist

Mitarbeiter sitzen vor Bildschirmen, starren in Kameras, ertragen Videokonferenzen und lange Monologe von Chefs, Projektleitern und die lauten Kollegen. Sie bekommen Technologie auf den Tisch gestellt, die sie nicht verstehen, und erfassen Daten in Softwaremasken, die jeden Ansatz von Kreativität abtöten.

> Je höher die Technisierung der Arbeit, umso schlechter die emotional empfundene Arbeitsfreude.

Die Ursachen für mangelnde Arbeitsfreude in der digitalen Arbeitswelt können sehr komplex und vielschichtig sein. Als eine Ursache werden fehlende physische und soziale Kontakte zu Kollegen und Kunden genannt. Das passiert immer dann, wenn der persönliche Austausch durch digitale Kommunikation ersetzt wird. Positive Arbeitserfahrungen drehen sich in virtuellen und hybriden Arbeitsumfeldern schnell ins Gegenteil.

Fakt ist: Die emotional erlebten Arbeitserfahrungen von Mitarbeitern (»Employee Experience«), werden seit Jahren immer bedeutender. Je digitaler das Arbeitsumfeld wird, desto drängender werden die Herausforderungen. Die Employee Experience umschreibt den wachsenden Bedarf, die Organisation der Arbeit spürbar stärker an den Bedürfnissen der Mitarbeiter zu orientierten und damit positive Erlebnismöglichkeiten zu schaffen. Arbeit soll nicht mehr nur eine Pflichterfüllung unter Zeit- und Ergebnisdruck sein, sondern sollte als Erlebnis empfunden werden. So ist es der aktuellen Managementliteratur zu entnehmen.

Blicken Sie einmal zurück auf die letzte Einführung einer neuen Software in ihrem Unternehmen. Sind Ihre Mitarbeiter auf die Tische gesprungen vor Freude und haben in den sozialen Netzwerken ihre Freude über Software XYZ mit Bekannten und Freunden geteilt? Vermutlich nicht.

> Eine positive Employee Experience fördert die Digitale Fitness.

Betrachten wir das Thema Fachkräftemangel, das immer realer wird. Bieten Unternehmen keine gute Employee Experience, werden sie in Zukunft immer austauschbarer. Aufgrund des »War of talents« können sich Talente ihren Arbeitgeber quasi aussuchen. Das sind Gründe genug, um sich mit den Erfahrungswelten von Mitarbeitern vertiefend zu beschäftigen.

Viele Unternehmen haben in den letzten Jahren viel für die Verbesserung der Arbeitsbedingungen unternommen. Arbeitsplätze wurden materiell besser ausgestattet. Gehälter wurden nach oben angepasst, Dienstwagen, neue Smartphones für die Mitarbeiter und flexible Arbeitszeiten wurden immer mehr zum Standard. In dieser Entwicklung sind einige Unternehmen in eine Spirale einer materiellen Anspruchshaltung geraten. Entscheider wissen, dass materielle Zuwendungen eine leistungssteigernde Wirkung bei Mitarbeitern nur zeitlich befristet erzeugen. Wissen sie aber auch, dass materielle Zuwendungen in virtuellen und hybriden Arbeitsumgebungen wenig bedeutend für Mitarbeiter sind?

> Arbeitsbedingungen haben sich materiell verbessert – doch Mitarbeiter verarmen emotional.

Die Bindung zwischen Mitarbeitern und Arbeitgeber löst sich auf. Dies entnehmen wir aus dem jährlich erscheinenden Gallup Engagement Index von 2019. Der letzte Index vor der Corona-Pandemie (also mit überwiegender physischer Büroanwesenheit) zeigt, dass sich gut zwei Drittel und damit die Mehrheit (69 Prozent) nur wenig an ihr Unternehmen gebunden fühlen. Sie machen Dienst nach Vorschrift. Fast sechs Millionen Beschäftigte (16 Prozent) spüren keine emotionale Bindung zu ihrem Unternehmen mehr und haben bereits innerlich gekündigt. Lediglich der Rest von 15 Prozent der Beschäftigten in Deutschland pflegt eine emotionale Bindung zum Arbeitgeber. Die Ursachen sind nicht in der Existenz materieller Ausstattungen zu suchen, sondern in fehlenden emotionalen und positiven Erfahrungen während der Arbeit. Auch die Studie »Purpose in a crisis« von PwC Strategy& zeigt, dass nur 28 Prozent der Mitarbeiter sich mit ihrem Unternehmen verbunden fühlen. Ohne Sinn geht mit der Zeit die Motivation verloren.[18]

Seit der Corona-Krise 2020 und der Verlagerung der Arbeit in virtuelle Arbeitsumgebungen wurde deutlich, dass die zunächst als positiv wahrgenommenen Effekte von Remote Work auch negative Konsequenzen auf die Mitarbeiterbindung mit sich bringen. Der bereits genannte Ablösungsprozess von Mitarbeitern wird durch Distanz und Entgrenzung beschleunigt. Bricht die emotionale und soziale Bindung weg, wird Arbeit austauschbar und kann für jedes Unternehmen weltweit angeboten werden. Die zunehmende Distanz von Führungskräften, standardisierte und technisierte Arbeitsprozesse sowie althergebrachte Führungsprinzipien treiben diesen Negativeffekt voran.

Zu einer guten Employee Experience gehört daher weit mehr als materielle Überversorgung, vorangetriebene Effizienzsteigerungen durch Standardisierung und Technisierung von Prozessen, und das Ganze auch noch unter autoritären Führungsprinzipien und dem Druck betriebswirtschaftlicher Kennzahlen. Die Konsequenzen dieser derzeit herrschenden Arbeitswelt lassen sich auf Bewertungsportalen wie Kununu.de, Glassdoor oder in den LinkedIn-Unternehmensranglisten beobachten. In dem Online-Bewertungsportal Kununu.de bewerten Mitarbeiter in über 4,5 Millionen Beiträgen teilweise anonym die erlebten weichen Faktoren ihrer Arbeitgeber. Auch harte Faktoren wie Gehalt und Benefits finden dort eine Einschätzung durch die Crowd.

Wir beobachten die Beschreibungen der Employee Experiences von Mitarbeitern in ihren aktuellen oder ehemaligen Unternehmen. Sie vermitteln einen Eindruck, welche Menschenbilder in Unternehmen herrschen: In vielen Unternehmen ist das tayloristisch arbeitsteilige Menschenbild immer noch herrschendes Leitbild.

> **Das aktuell herrschende Menschenbild in den Unternehmen**
> Menschen werden als unzuverlässige Maschinen betrachtet.
> Kontrollparadigma: Menschen sollten umfassend kontrolliert und gesteuert werden.
> Instrumentale Sicht: Mitarbeiter werden als billige Produktionsfaktoren gesehen.
> Mitarbeiter haben lediglich primäre Bedürfnisse (motivationale Sicht).
> Mitarbeiter verfolgen nur das eine Ziel, die Befriedigung ihrer primären Bedürfnisse: die des »homo oeconomicus« (zweckrationale Sicht).
> Mitarbeiter können ihre Arbeit nicht selbst organisieren, sondern müssen von Führungskräften systematisch zur Leistung angehalten werden (machtpolitische Sicht).

Mitarbeiter mit diesen Erfahrungen äußern sich besonders engagiert, oft anonym und öffentlich im Internet. Ein Beispiel:

> »Sehr schlechte Firma, die man unbedingt meiden sollte. Zahlt die geleisteten Stunden nicht, und man muss ständig auf sein Geld warten oder hinterherrennen. Ich stufe diese Firma als Verbrecher ein, die ihre Mitarbeiter gnadenlos ausnutzen.«[19]

Diese Veröffentlichungen üben – inhaltlich gerechtfertigt oder nicht – einen Einfluss auf die Wahrnehmung der Marke aus. Sie beeinflussen, welche Menschen sich wo bewerben und welche Kunden auf das Unternehmen zugehen.

> Je virtueller die Arbeit organisiert ist, desto wichtiger werden die emotionalen Erfahrungserlebnisse (Employee Experience).

Falsche Anreize in Unternehmen und wachsende Anforderungen von Mitarbeitern sind die Grundlage des Geschäftsmodells dieses und weiterer Bewertungsportale. Sie leben vom Aufruhr der Mitarbeiter. Sie zeigen aber auch, dass es einen hohen Bedarf an einer menschlicheren Führung gibt. Das »Menschsein« wird durch immer mehr Technisierung an den Arbeitsplätzen zunehmend vernachlässigt. Die Virtualisierung der Arbeit erzeugt eine Angst vor Vereinsamung, Isolation und Ausschluss. Die sogenannte Entgrenzung[20] – die Auflösung zeitlicher, räumlicher und organisationaler Grenzen – befeuert zusätzlich Ängste und Unzufriedenheit.

> Wir halten fest: Die Digitalisierung der Arbeitswelt hat einen signifikanten Einfluss auf die emotionalen Arbeitserfahrungen von Mitarbeitern und Führungskräften. Initiativen zur Beeinflussung mit überwiegend materiellen Zuwendungen wirken kurzfristig und zeitlich beschränkt. Emotionale Erfahrungswelten von Mitarbeitern und Teams werden immer wichtiger. Digitale Fitness erfordert die Beschäftigung mit den inneren Bedürfnissen von Mitarbeitern.

Digital fitte Führungskräfte sind empathisch

Soll virtuelle und hybride Arbeit Freude bereiten, dann versetzen sich digital fitte Führungskräfte in die Gefühlslagen der Mitarbeiter. Sie verstehen, wie diese ihr Arbeitsumfeld, ihre Aufgaben und das Unternehmen wahrnehmen. Sie verbinden den Sinn des Schaffens mit dem Zweck der Aufgabe. Sie wissen um die hohe Bedeutung emotionaler Arbeitserfahrungen und beherrschen die Regeln der Employee Experience in virtuellen Arbeitsumgebungen im Sinne einer positiven Beeinflussung von Arbeitsfreude und Mitarbeiterbindung.[21]

> Digitale Fitness verbindet den Sinn des Schaffens mit dem Zweck der Aufgabe.

Aus der Arbeitspsychologie wissen wir, dass Engagement und Leidenschaft am höchsten sind, wenn Menschen auf ein gesetztes Ziel in der Zukunft hinarbeiten können und die Zielerreichung eine bessere Zukunft verspricht. Zufriedenheit schafft Freiheit.[22] In diesem Zusammenhang kommt nun oft der Begriff »Purpose« ins Spiel. Mit Purpose wird das Bedürfnis von Mitarbeitern angesprochen, mit ihrer Arbeit auch eigene Ziele erreichen zu können und die eigene Selbstverwirklichung zu verfolgen. Wenn Arbeit als eine inspirierende, motivierende und produktive Reise verstanden wird, erzielen Mitarbeiter für das Unternehmen die höchste Rendite.

Unternehmen, die sich von einem Purpose leiten lassen (»purpose-driven companies«), haben deutliche Vorteile: Laut Recherchen und Analysen von Strategy& erzielen mehr als 90 Prozent von ihnen ein Wachstum und Gewinne, die dem Branchendurchschnitt entsprechen oder darüber liegen.[23]

Damit Mitarbeiter Motivation und Engagement als Grundlage positiver Erfahrungen entwickeln können, muss die Arbeit langfristig anders organisiert werden. Der Steelcase Global Report von 2020 des weltweit führenden Spezialisten für Büro-, Hochschul- und Krankenhauseinrichtungen führte mit dem Forschungsinstitut IPSOS eine internationale Studie über die Zusammenhänge zwischen dem Engagement der Mitarbeiter und deren Arbeitsumgebung durch. Die Studienergebnisse machen eines der schwerwiegendsten Probleme führender Unternehmen von heute sichtbar: Lediglich 13 Prozent der Mitarbeiter sind hoch motiviert. Die Studie identifizierte anhand der Befragung von 12 480 Büromitarbeitern aus 17 Ländern die Purpose-Treiber engagierter Mitarbeiter:

- Sie können selbst bestimmen, wo sie ihre Arbeit erledigen.
- Sie können eigene Ziele erreichen.
- Sie knüpfen soziale Kontakte mit Kollegen.
- Sie arbeiten in Teams und werden nicht ständig aus ihrer Arbeit herausgerissen.
- Sie teilen Erfolge.
- Sie erhalten transparente Informationen über das Unternehmen.

»Das Engagement der Mitarbeiter ist das A und O«, geht aus der Studie hervor. »Es gibt eine signifikante Korrelation zwischen engagierten, glücklichen Mitarbeitern und der Produktivität bei der Arbeit sowie dem Erfolg des Unternehmens«, sagt Shankar Iyer, Senior Vice President und General Manager von VMware End-User Computing (EUC).

Purpose liefert Unternehmen Rendite.

Employee Experience liefert also nicht nur Freiheit, sondern auch Rendite. Die Renditeumsetzung hängt wiederum davon ab, ob und in welchem Umfang Mitarbeiter eigene Ziele formulieren und an ihrem Arbeitsplatz umsetzen dürfen. Je früher Mitarbeiter in Entscheidungsprozesse involviert werden und Technologieanwendungen mitgestalten können, desto schneller werden neue und digital geprägte Teams produktiv werden. Diese aktive Beteiligung nennen wir »Digital Readiness«, die »Digitale Bereitschaft«.

Die nahe Vergangenheit zeigt: Organisationen, die in früheren Phasen einer Krise ihr Sozialkapital und ihre »Digitale Bereitschaft« aufgebaut haben, waren bei der Rückkehr der Belegschaft vom Homeoffice in den

Büroalltag und bei der langfristigen Organisation von hybriden Arbeitsformen produktiver als andere. Das ist das Ergebnis einer von McKinsey durchgeführten Studie unter mehr als 800 Mitarbeitern in den USA.[24]

Das How:
Herausforderungen und wie man diese löst

Use Case 1: Wie erzielt man außergewöhnliche Technik-Erlebnisse und erhöht die Tool-Nutzerakzeptanz?

Der Schmerz im Organisationsalltag

Die Verbindung von Mensch und Technik beschäftigt seit dem 19. Jahrhundert Visionäre und progressive Vordenker. Vertreter des Transhumanismus hoffen, dass mit neuen Technologien und künstlicher Intelligenz Mensch und Maschine verschmelzen werden. Die Bedürfnisse unserer Mitarbeiter sind jedoch noch weitaus bodenständiger ausgeprägt.

Mitarbeiter möchten, dass Prozesse und Tools möglichst nutzerfreundlich gestaltet sind, sodass sie ohne besondere Vorkenntnisse zu bedienen sind. Im digitalen Medienmanagement sprechen wir von »User Experience«, also der Nutzererfahrung oder dem Nutzungserlebnis bei der Anwendung von technischen Tools. Aus technischer Sicht sind es besonders drei Faktoren, die sich positiv auf eine Employee Experience auswirken: Usability, User Experience und fest installierte Techniklösungen statt mobile Technologien (Steelcase 2020).

> **Technik braucht Emotionen – Emotionen aber keine Technik**
> Ihre Kunden erwarten von Ihrem Unternehmen immer mehr Agilität. Das bedeutet, dass Ihre Organisation sich in kürzester Zeit auf immer mehr individuelle Kundenanforderungen einzustellen hat. Digitale Tools versprechen Lösungen für mehr Agilität. Neue, agilitätsfördernde Software wird angeschafft. Der Wandel von klassischen zu agilen Arbeitsweisen funktioniert jedoch nicht auf Knopfdruck. Nach Lizenzierung und Einführung machen Sie die Erfahrung, dass die neue Software bei Ihren Mitarbeitern auf wenig Akzeptanz stößt. Die Ursache dafür: Anstatt das emotionale Erlebnispotenzial der agilen Arbeitsweise für die Mitarbeiter herauszustellen und zu kommunizieren, gehen die Softwarelösungen vom überholten Konzept des Mitarbeiters als bloßem Arbeitsverrichter vor Bildschirmen und Softwaremasken aus. Wo findet hier das emotionale Management statt?

Welches Hintergrundwissen benötigen Führungskräfte, um diese Herausforderung gestalten zu können? Der folgende Abschnitt liefert notwendige Grundlagen.

Hintergrundwissen für Führungskräfte

Die aktuelle Anwendungsforschung von Software liefert dazu hilfreiche Erkenntnisse. Demnach sollten Unternehmensleitung und Führungskräfte mit der Einführung von Tools und neuen Technologien sicherstellen, dass ihre Mitarbeiter einfachen Zugang zu Nutzungsinformationen haben (52 Prozent ist das wichtig). Mitarbeiter sollten mit den Technologien von überall aus arbeiten können (48 Prozent). Sie bevorzugen dazu eher fest installierte Technik statt mobiler Geräte. Das weiß Oliver Ebel.[25] Als Vice President Central Europe des US-amerikanischen Softwareunternehmens Citrix hat er ausgewiesene Erfahrung in der Ausstattung digitaler Arbeitsplätze. Er weiß, dass für eine nachhaltig langfristige Employee Experience sämtliche Prozesse und Tools möglichst nutzerfreundlich und nah an der Wertschöpfung angelehnt sein sollten. Da stimmen ihm Mitarbeiter und Führungskräfte sicherlich sofort zu.

Die Aussage des Vice President von Citrix wird von einer weiteren Studie bestätigt. Die Befragung wurde durchgeführt von The Economist Intelligence Unit (EIU) mit Citrix Systems, Inc. als Sponsor. Dazu wurde in fünf Ländern (Frankreich, Deutschland, Niederlande, Polen, Großbritannien) Führungspersonal mit Personalverantwortung befragt. Das Ergebnis belegt den Zusammenhang zwischen der Employee Experience und der User Experience. Die Usability (eine Säule der User Experience) und die damit geforderte einfache, intuitive Nutzung von neuen Technologien ist hier für jeden Dritten wichtig (33 %).

Zusammengefasst benötigt eine gelungene Employee Experience konsumentenartige Nutzererfahrungen, vergleichbar mit denen aus der privaten Nutzung digitaler Medien. Dazu gehört auch die Auswahl der Endgeräte (31 %) und die dazugehörigen Anwendungen (25 %). Mitarbeiter orientieren sich an den Nutzungserfahrungen ihrer privaten Geräte wie Smartphone und Tablet. Was dort zu gewohnten Technikerfahrungen geworden ist, prägt die Nutzererfahrung der meisten Menschen auch für die berufliche Arbeitsweise.

> Wer mit einem Wisch seine Netflix-Serien startet, der möchte im Job nicht in langweiligen Exceltabellen herumklicken müssen.

Mitarbeiter sind heute als Digitalkonsumenten sozialisiert und von der Einfachheit technischer Zugänge verwöhnt: Mit nur wenigen Klicks oder Fingertipps auf einem Bildschirm können wir einen Urlaub buchen, ein empfohlenes Video auf einem Gerät unserer Wahl streamen oder ein Produkt mit

Lieferung am nächsten Tag kaufen. Wie sieht das Nutzererlebnis in Ihrem Unternehmen aus?

Blicken wir zurück in Unternehmen, mit denen wir zusammengearbeitet haben, sehen Nutzererfahrungen plötzlich anders aus: kompliziert, nüchtern, spaßbefreit. Wir haben oft Schwierigkeiten, uns effektiv mit Mitarbeitern zu verbinden und die Informationen zu finden, die wir brauchen, um sofort produktiv zu sein. Anstelle der intuitiven und digitalen Erfahrung, die wir als Kunden in unserer Außenwelt machen, sind wir gezwungen, uns durch komplexe interne Organisationsstrukturen, Prozesse und Systeme zu manövrieren. Tatsächlich berichten uns die meisten Mitarbeiter, dass sie dieselben Daten und Informationen in mehreren Systemen erfassen müssen, um ihre Arbeit zu erledigen. Wer hat schon Lust, regelmäßig seine Arbeitszeit mit dem Auffinden von Daten zu verschwenden?

Akzeptanz fördern – Nutzen herausstellen

Was auf den ersten Blick so selbstverständlich klingt, hat eine besondere Bedeutung für die Digitale Fitness von Führungskräften und Mitarbeitern. Hilfreiche Erkenntnisse können aus den sogenannten Akzeptanzmodellen entnommen werden. Populär ist das »Technology Acceptance Model – TAM«.[26] Dieses Technologieakzeptanzmodell ist ein weit verbreitetes Instrument zur Analyse des Verhaltens der Nutzer von Informationssystemen. Es liefert Hinweise, warum Personen eine Technologie nutzen oder nicht.

Die Nutzungsweise einer Technologie durch einen Mitarbeiter hängt entscheidend von zwei Variablen ab: von der wahrgenommenen Nützlichkeit (Mehrwert) und der wahrgenommenen Benutzerfreundlichkeit. Das subjektive Empfinden eines Mitarbeiters und die damit erwarteten Produktivitätseffekte von Apps & Co entstehen nur dann, wenn Mitarbeiter erfahren, dass neue Technologien ihre Arbeitsleistung verbessern und ihnen die Arbeit erleichtern. Wenn diese Wahrnehmung mit wenig Lernaufwand verbunden ist, stellen sich in der Praxis schnell positive Nutzungserfahrungen ein.

Das wird durch das zweite, erweiterte Akzeptanzmodell »Unified Theory of acceptance and use of technology« bestätigt. Laut diesem empfinden Führungskräfte und Mitarbeiter eine positive Employee Experience, wenn sie erwarten dürfen, dass neue Technologien

1. etwas für sie leisten (Leistungserwartung, Nutzererwartung),
2. einen überschaubaren Lernaufwand erzeugen (Aufwandserwartung) und
3. zu besseren Verbindungen zwischen Mitarbeitern führen (sozialer Einfluss).

Treten diese Faktoren ein, wird das Tool von den Mitarbeitern als positiv empfunden und dementsprechend gern genutzt.[27]

> Allein die Existenz neuer Technologien macht Mitarbeiter grundsätzlich nicht zufriedener.

Akzeptanzmodelle gehen grundsätzlich von einer natürlich gegebenen Nutzungsabsicht neuer Technologien aus. Diese ist jedoch nicht selbstverständlich bei Mitarbeitern zu beobachten. Menschen können auch ohne Technologien positive Arbeitserfahrungen erleben.

Was muss ich als Führungskraft jetzt tun?

Wie bereits angesprochen, tätigen Unternehmen enorme Investitionen, um ihren Kunden bestmögliche Nutzererfahrungen zu bieten (Customer Experience). Sie investieren aber nur wenig für die Nutzererfahrungen der eigenen Mitarbeiter. Ausgangspunkt in diesem Abschnitt ist es, die Digitale Fitness von Mitarbeitern auf der Grundlage ihrer erlernten Fähigkeiten zu fördern, die sie bereits aus der Privatnutzung digitaler Medien mitbringen.

> Schaffen Sie Raum und Zeit für Lerntransfers aus der privaten in die berufliche Nutzung von digitalen Medien!

Obwohl die Employee Experience bezüglich Technologie-Erlebnissen sehr viele unterschiedliche Bereiche und Situationen umfasst, gibt es zwei Wege, die Sie einschlagen sollten.

1. Mitarbeiter brauchen eine perfekte technologische Ausstattung.[28] Für die virtuelle und hybride Arbeit ist dies nicht mit einem 11 Zoll kleinen Laptop getan. Gerade für die virtuelle Arbeit sind Investitionen für zusätzliches Licht, Mikrofon, Monitor und Kamera unbedingt notwendig. Das Ganze sollte als System fehlerfrei und unabhängig von Einsatzorten funktionieren.
2. Es braucht eine gelebte Digitale Fitness, eine Unternehmenskultur, die die individuellen Digitalkompetenzen im Team fördert und offen für Neues ist. Employee Experience funktioniert individuell und ist keine Pauschalmaßnahme. Umso wichtiger ist es, gezielte, laufende und maßgeschneiderte Maßnahmen zu initiieren, die zu den verschiedenen Anforderungen Ihrer Mitarbeiter passen.

Stellen Sie sich die drei folgenden Fragen:

1. Wie finde ich heraus, welche individuellen Digitalkompetenzen meine Mitarbeiter benötigen?
2. Mit welchen Maßnahmen kann ich schließlich als Führungskraft die individuellen Digitalkompetenzen fördern, um die Akzeptanz digitaler Mediennutzung für unternehmerische Ziele zu erhöhen?
3. Wie finde ich heraus, welche Tools den Mitarbeitern welchen Mehrwert bieten?

Hilfe bei der Beantwortung dieser Fragen bietet die Methode »Techniknutzungs-Personas« (Tech-Experience-Personas). Mit dieser Methode identifizieren Sie systematisch die individuellen Bedürfnisse Ihrer Mitarbeiter. Das Ziel ist es, mit dem Verstehen der individuellen Sichtweisen Ihrer Mitarbeiter Maßnahmen für die Akzeptanz von neuen Technologien und digitalen Medien in Business-Anwendungen und in virtuellen und hybriden Arbeitsumgebungen zu formulieren.

Die Methode »Tech-Experience-Personas« zum Akzeptanzverhalten

Damit ein Großteil der individuellen Erwartungen und Wünsche erfasst und bearbeitet werden kann, empfehlen wir die Methode »Tech-Experience-Personas«. Anhand der Personas segmentieren Sie Ihre Mitarbeitergruppen nach den vorhandenen Erfahrungen und Wünschen in Bezug auf Technologie. Die Ergebnisse liefern Ihnen Hinweise, für welche Aufgaben in welcher Arbeitsform gezielt technische Lösungen für die Mitarbeiter hilfreich sein können und welche zusätzlichen Tech- und Soft-Skills aufgebaut werden sollten.

Ablauf für die Identifizierung individueller Digitalkompetenzen:

1. Allgemeine Beschreibung der Personengruppe
2. Beschreibung der täglichen Arbeit und typischer Abläufe
3. Aufzählung der genutzten digitalen Tools und deren Nutzungsgebiete
4. Typische Herausforderungen im Arbeitsalltag
5. Beschreibung von Verbesserungen und gewünschten Veränderungen
6. Zusammenarbeit: Präsenz, virtuell, hybrid?
7. Welche Online-/Offlinefähigkeiten sind gewünscht und erforderlich?

Aufbau von Tech-Experience-Personas

Repräsenta- tives Bild der Persona und Name	Beschreibung der Persona mit Aufgaben- gebiet und ge- nutzten IT-Sys- temen	Anforderungen an mobiles Arbeiten	Anforderungen Kommunika- tion
Hintergrund der Persona	Erforderliche digitale Kom- petenzen	Anforderungen Zusammen- arbeit	Anforderungen IT-Arbeit

Tools

Ist: Genutzte IT-An- wendungen & Tools	Gaps: Herausforde- rungen in der täg- lichen Arbeit	Soll: Chancen & Ver- besserungswünsche

Mit der Persona-Methode werden ausgewählte Aufgabengruppen charakterisiert. Eine Persona steht als fiktive Person für eine Gruppe von Nutzern mit konkret ausgeprägten Eigenschaften und Nutzungsverhalten. Die Personas veranschaulichen einen typischen Tagesablauf bzw. die Tätigkeiten von Personengruppen innerhalb des Nutzersegments sowie deren Einstellung und Bedürfnisse. Die Persona hilft Ihnen, die Perspektive des Nutzers besser zu verstehen.

Use Case 2: Wie schafft man Team-Purpose und sinnerfüllende Arbeitsumgebungen?

Der Schmerz im Organisationsalltag

Employee Experience beinhaltet neben außergewöhnlichen Technikerlebnissen auch sinnerfüllende Arbeitsumgebungen und Aufgaben, die das Bedürfnis nach Selbstverwirklichung von Mitarbeitern befriedigen. Dies ist seit den vergangenen industriellen Revolutionen nie eine originäre Aufgabe von Unternehmen und Wirtschaft als Ganzes gewesen. In der digitalen, virtuellen und dynamischen Arbeitswelt erhält die Employee Experience jedoch eine besondere Bedeutung. Denn wie bereits weiter oben ausgeführt, werden Unternehmen austauschbarer, Talente können sich ihren Wunsch-Arbeitgeber aussuchen. Unternehmen müssen daher mehr bieten als monetäre Anreize, die schon längst nicht mehr hinreichend motivieren. Das Werteverständnis von Mitarbeitern hat sich grundlegend geändert: Die Arbeit soll bitte der eigenen Selbstverwirklichung dienen und Sinn stiften.

> Digitale Fitness bedeutet die Entwicklung hin zu einer sinnstiftenden Unternehmenskultur.

Wie gestalten wir also mit unserem Team einen sinnorientierten digitalen Alltag? Diese Frage brodelt in den meisten Unternehmen meist unbewusst, wie das folgende Beispiel zeigt.

> **Was sollen wir denn noch tun?**
>
> Ein Unternehmen hat in den letzten Jahren einige Investitionen für die Digitalisierung von Prozessen und die Virtualisierung von Arbeit im Remote-Team sowie in technische Ausstattungen investiert. Gratulation! Damit ist es mit seiner Investitionsbereitschaft im oberen Drittel der deutschen Wirtschaft angekommen. Doch als die letzten betriebswirtschaftlichen Kennzahlen eintreffen, tauchen Fragezeichen in der Unternehmensleitung auf. Die Investitionen spiegeln sich nicht in der monatlichen Erfolgsrechnung wider. Eine Mitarbeiterbefragung soll Licht ins Dunkel bringen. Die meisten Mitarbeiter geben an, dass sie unzufrieden sind. Die Unternehmensleitung ist verwundert. »Wir haben doch alles getan! Technik bereitgestellt, flexibles Arbeiten eingeführt und Boni ausgezahlt. Was sollen wir denn noch tun?«

Es kann nicht verwundern, dass die meisten Mitarbeiter bei dieser Haltung ihrer Führungskräfte innerlich gekündigt haben. In einer aktuellen Umfrage sagten nur 39 Prozent, dass sie klar erkennen, welchen Mehrwert sie aktuell bei ihrem Arbeitgeber schaffen. Mehr als die Hälfte der befragten Mitarbeiter gab an, noch nicht einmal »ein bisschen« Motivation, Leidenschaft oder Begeisterung für ihre Arbeit zu empfinden.[29] Die Haltung von Führungskräften hat also maßgeblich Einfluss auf die Employee Experience.

Mitarbeiter fühlen sich von der Mission und der Geschäftsphilosophie ihres Arbeitgebers weder intellektuell noch emotional angesprochen. Das muss Verwunderung hervorrufen, denn Unternehmen investieren immer mehr in die (materiellen) Erwartungen ihrer Mitarbeiter.

Hintergrundwissen für Führungskräfte

Unternehmen haben im Jahr 2019 durchschnittlich 2420 US-Dollar pro Person für Maßnahmen zur Verbesserung der Mitarbeitererfahrung investiert. Das ergab eine globale Studie des Forschungs- und Beratungsunternehmens Gartner.[30] Für die Studie wurden 150 Human Resources-Führungskräfte und 3000 Mitarbeitern weltweit befragt.

Die Forscher fanden heraus, dass Unternehmen, die die Erwartungen ihrer Mitarbeiter erfüllen, einen Anstieg der Arbeitsleistung, der Produktivität und der Mitarbeiterbindung verzeichnen. Der Return on Investment (ROI) solcher Initiativen ist enttäuschend: Nur 13 Prozent der Mitarbeiter in der Studie gaben an, mit ihren Erfahrungen vollkommen zufrieden zu sein. Unternehmen, die in flexible Arbeitsrichtlinien, Arbeitsplatzumgestaltungen oder Lern- und Entwicklungsmöglichkeiten investieren, treiben damit sogleich die Erwartungen der Mitarbeiter in die Höhe und kurbeln damit eine Spirale an, in der Erwartungen von Mitarbeitern und Investitionen des Unternehmens sich gegenseitig aufschaukeln. Unternehmen sollten diese (materiellen) Investitionen durch immaterielle Maßnahmen ergänzen. Dies erhöht schließlich die Rendite.

> Der Mitarbeiter als Erfüllungsgehilfe hat ausgedient.

Sollten die formellen, bewussten Maßnahmen auf die Unternehmenskultur eher destruktiv wirken (»Erwartungsspirale«) und das Arbeiten an sichtbaren Veränderungen alleine nicht mehr hinreichend sein für positive Renditen, dann führt kein Weg an einer aktiven Entwicklung von Unternehmens- und Teamkultur vorbei. Alternativ schlittern Menschen in die Sinnkrise: Mitarbeiter geraten in den inneren Abnutzungskampf. Orientierungslosigkeit schwächt zusätzlich die Motivation. Früher oder später beginnen Menschen, vor den gegenwärtigen Herausforderungen zu kapitulieren. Das Erreichen der Unternehmensziele wird für sie zu einem alltäglichen Kraftakt und schließlich zu einer Qual.

Die gute Nachricht

Das Schaffen eines starken Purpose kann dem entgegenwirken und inspirierend wirken. Mit Purpose wird die Wahrnehmung von Sinn und Zweck des Unternehmensschaffens ausgedrückt. In der oben erwähnten Umfrage hielten die Mitarbeiter die Sinnhaftigkeit ihrer Tätigkeit im Schnitt für mehr als doppelt so wichtig wie traditionelle Motivationsfaktoren (Zusatzvergütung, Aufstiegschancen). Purpose ist ein entscheidender Faktor im Wettbewerb.

In Unternehmen, die klar definieren und kommunizieren, wie sie einen Mehrwert schaffen, halten 63 Prozent der Mitarbeiter sich für motiviert, während es in anderen Firmen nur 31 Prozent sind; 65 Prozent geben an, sich für ihre Arbeit zu begeistern (anderswo sind es nur 32 Prozent).

Hilfestellung für die Gestaltung einer Purpose-Strategie liefert das Eisberg-Modell. Die ursprünglich von Sigmund Freud für die Psychoanalyse und Therapie entwickelte Visualisierung gilt auch für die Darstellung der Digitalen Fitness.

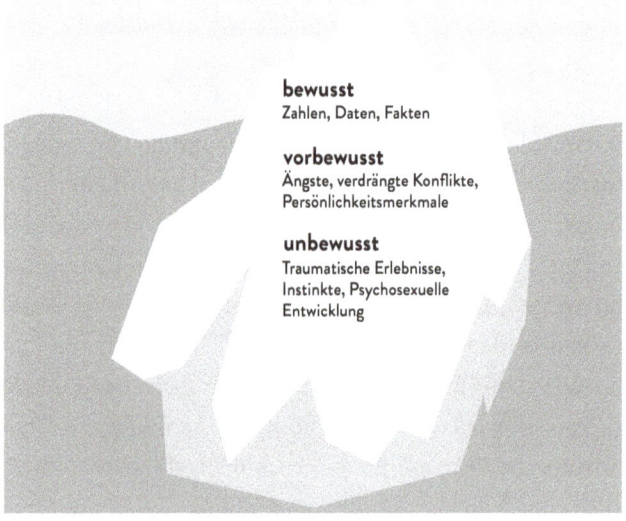

Eisberg zur Förderung der Employee Experience

Der Eisberg verdeutlicht, dass Management oberhalb der Wasseroberfläche agiert. Wir beschäftigen uns mit dem Sichtbaren. Digitale Fitness findet demgegenüber unter der Wasseroberfläche statt. Hier befinden sich die handlungsleitenden Dimensionen und Ansätze zur Förderung der Digitalen Fitness: Purpose, Selbstverwirklichung, Sinn.

Was ist der Purpose des Büros?

Diese Frage stellen sich mehr und mehr Führungskräfte und Mitarbeiter. Die Herausforderung bei der Gestaltung hybrider Arbeitsformen besteht nicht nur darin, die Vorteile zu optimieren, sondern auch die Nachteile zu minimieren und die Zielkonflikte zu verstehen. Die Arbeit von zu Hause oder generell außerhalb vom Büro kann die Produktivität steigern, aber sie kann auch isolierend wirken, was die Zusammenarbeit behindert. Das Arbeiten nach einem synchronen Zeitplan kann die Koordination verbessern, aber es kann auch ständige Kommunikation und Unterbrechungen mit sich bringen, die die Konzentration stören (siehe auch Kapitel 4).

Zu berücksichtigen sind immer die Präferenzen einzelner Mitarbeiter in Bezug auf den Arbeitskontext, wie gut das Homeoffice eingerichtet werden kann, und die verschiedenen Rollen und Aufgaben: Wo können die Mitarbeiter am produktivsten arbeiten, und wie kann dabei der notwendige Austausch im Team gewährleistet werden?

Identifizieren Sie die wichtigsten Aufgaben und bestimmen Sie, was die Treiber für Produktivität und Leistung für jeden Einzelnen sind, und wie eine hybride Arbeitsorganisation diese beeinflusst. Beziehen Sie die Mitarbeiter in den Prozess ein und nutzen Sie eine Kombination aus Umfragen, Personas und Interviews, um zu verstehen, was Sie wirklich wollen und brauchen. Als Nächstes sollten Sie überlegen, wie diese Faktoren durch Änderungen der Arbeitsorganisation hin zum hybriden Team beeinflusst werden und wie eine neue hybride Arbeitsorganisation bestmöglich gestaltet werden kann.

Das Büro wird von einem »Workplace« zu einem kreativen »Workspace«, wo Interaktion und sozialer Austausch stattfinden. Es bietet eine gute Infrastruktur für synchrone, kreative Zusammenarbeit oder konzentriertes Arbeiten, wenn dies woanders nicht möglich ist.

Hybride Arbeitsarrangements sind mit Blick auf individuelle menschliche Belange zu gestalten, nicht nur auf institutionelle. Wenn sie im Unternehmen eingeführt werden, muss dies fair und für alle möglich gemacht werden, und es müssen dabei die verschiedenen Präferenzen berücksichtigt werden.

Was muss ich als Führungskraft jetzt tun?

Entwickeln Sie eine Purpose-Strategie und setzen Sie diese mit ihrem Team um! Leiten Sie in die Wege, dass in Ihrem Unternehmen über die eigenen Werte nachgedacht wird. Was ist ihrem Unternehmen, den Gründern, der Geschäftsleitung, den Kunden, den Mitarbeitern wichtig?

Häufig werden Purpose-Fragmente in »Missionen« oder »Visionen« aufwendig formuliert. Sie sind auf Unternehmenshomepages ausführlich textlich dargestellt oder in malerischen Bildern an den Wänden von Eingangsfoyers zu finden.

Diese Beobachtungen liefern einen Hinweis, dass in vielen Organisationen Uneinigkeit über die Unterschiede zwischen Purpose-Statements, Mission-Statements und Vision-Statements herrscht. Auch auf Websites werden diese Begriffe sehr uneinheitlich verwendet. Die Fülle verschiedener Konstrukte erschwert es, ein überzeugendes Purpose-Statement zu verfassen. Wir haben leider schon allzu oft erlebt, wie im Entstehungsprozess einer Purpose-Strategie die Diskussion in Haarspalterei ausartete oder am Ende zur Verbreitung unvereinbarer Botschaften führte. Statt endlos zu diskutieren, sollten Sie Mitarbeitern, Kunden und Investoren schnell Antworten auf diese drei Fragen geben können:

1. Warum existiert Ihre Organisation?
2. Wie tätigt Ihr Unternehmen Geschäfte, und welche Werte werden gelebt?
3. Welchen übergeordneten, gesellschaftlichen Beitrag leistet es?

> Wofür stehen Sie? Welche Haltung und Werte prägen Ihr Tun?

Sind Ihre Werte rein materieller Art? Geht es um Profit? Geht es um Ihr Ego? Ist es für andere von Bedeutung, dass Sie Ihrem Narzissmus frönen? Wenn Sie diese Fragen mit »Ja« beantworten, möchten wir die Perspektive erweitern. Stellen Sie sich zur Abwechslung einmal diese Fragen:

- Gibt es Werte und Prinzipien im Unternehmen, die nicht Vision heißen?
- Dürfen Mitarbeiter an diesen Werten mitarbeiten oder darüber mitentscheiden?
- Kennen Sie Ihre eigenen persönlichen Werte und die Ihrer Mitarbeiter?
- Welche Werte werden in Ihrem Team kommuniziert?
- Wird nach diesen Werten auch gehandelt?
- Verknüpfen Sie den Zweck von Änderungen, z. B. an der Arbeitsweise, mit dem »Warum« in Ihrer Mitarbeiterkommunikation?

> Es hilft, anfangs zu beschreiben, wofür man nicht stehen will, damit anschließend definiert werden kann, wofür man stehen möchte.

Sollten Sie diese Fragen überwiegend mit einem »Nein« beantworten, kann dies die Ursache für Personalfluktuation, sinkende Mitarbeiterbindung, innere Kündigungen und Ähnliches sein. Führungskräfte und Unternehmen bewegen sich im Dreieck »Werte ⇔ Ich ⇔ Wirtschaft«. Beginnen Sie, den Purpose für sich, Ihr Team und für das Unternehmen zu entwickeln, mit dem Ziel, dies in das oben genannte Dreieck zu bringen. Es steht der Führung frei, die Purpose-Strategie gemeinsam mit dem Team in einem Workshop-Format zu erarbeiten.

Tool 6: Einen Purpose-Workshop für mehr Employee Experience starten

Merkmale von High-Purpose-Teams
1. Klare Struktur und Ziele: Jeder im Team versteht, warum das Team existiert und wie es in Verbindung mit den Unternehmenszielen steht.
2. Psychologische Sicherheit: eine Arbeitsumgebung, in der sich jeder sicher genug fühlt, um Risiken einzugehen, seine Meinung zu äußern und urteilsfreie Fragen zu stellen
3. Verlässlichkeit: Die Teammitglieder haben klare Rollen, Verantwortlichkeiten, Aufgaben und Arbeitsprozesse. Sie vertrauen sich gegenseitig, dass sie die Erwartungen an Zeit und Qualität erfüllen.
4. Purpose und Sinn: Die Arbeit ist für die Teammitglieder persönlich wichtig.
5. Impact/Einfluss: Die Arbeit hat für jedes Mitglied eine persönliche Bedeutung und wirkt sich positiv auf sie selbst, ihre Organisation und die Stakeholder aus.

Die 7 Prozessschritte eines Purpose-Workshops
1. Beginnen Sie Gespräche über den Sinn und Zweck des Schaffens in Ihrem Unternehmen und in Ihrem Team.
2. Welche Rollen spielen Ihre Mitarbeiter?
3. Verbinden Sie Mitarbeiter mit etwas, das größer ist als sie selbst und helfen Sie ihnen, einen Beitrag zu leisten.
4. Beginnen Sie jetzt, den Zweck Ihrer Organisation zu definieren oder zu überdenken. Erklären Sie die entscheidenden Rollen Ihrer Mitarbeiter.

5. Leben Sie Verhaltensweisen vor, die die Beiträge aller Mitglieder wertschätzen.
6. Bieten Sie Ihren Mitarbeitern individuelles Coaching an. Helfen Sie ihnen, ihr Rollenverständnis einzubringen.
7. Verwenden Sie regelmäßig Tools für Stimmungsabfragen (wie Mentimeter, Pingo).

> Ein gelungenes Purpose-Statement hat zum Beispiel die NASA formuliert: »Neue Höhen zu erreichen und das Unbekannte zum Wohle der Menschheit zu enthüllen.«

Durchführung eines Purpose-Workshops

1. Ihr Purpose Statement sollte ziel- und ergebnisorientiert sein. Finden Sie heraus, was der Zweck des Unternehmens ist. Reflektieren Sie, wofür Sie stehen, was Sie Ihren Kunden liefern, was das Kundenversprechen ist. Erforschen Sie die Trends und den politischen, wirtschaftlichen, sozialen und technologischen Kontext, in dem Sie tätig sind.
2. Fragen Sie sich, ob die Mitarbeiter sich damit identifizieren und ob das Statement sie begeistert. Langweilig ist: »Wir sind ein innovatives Unternehmen.«
3. Kombinieren Sie emotionale und rationale Aussagen. Emotionen motivieren die Mitarbeiter, gleichzeitig muss es aber auch immer ein rationales Argument dafür geben, wie der Zweck Ihr Unternehmen und Ihre Mitarbeiter weiterbringen wird.
4. Verfassen Sie die Absichtserklärung so, dass sie zu einer unerschöpflichen Reihe neuer Ziele führt und Ihr Team immer weiter vorantreibt (z. B. NASA: »Neue Höhen zu erreichen und das Unbekannte zum Wohle der Menschheit zu enthüllen«).

5. Das Purpose-Statement sollte spezifisch, präzise, prägnant und kurz sein: Fassen Sie die Mission des Unternehmens in wenigen Sätzen zusammen.
6. Machen Sie Ihr Purpose-Statement greifbar und pragmatisch, sodass Ihre Mitarbeiter es sich zu eigen machen können. Klartext ist wichtig, achten Sie darauf, nicht zu sehr ins Vage abzugleiten.
7. Formulieren Sie klar und eindeutig. Vermeiden Sie abstrakte Sätze wie »Wir existieren, um die Welt zu verbessern«. Dies ist nichts Konkretes, das man umsetzen kann.
8. Verwenden Sie eine einfache Sprache, die jeder leicht versteht.
9. Überprüfen Sie das Statement regelmäßig.

Tool 7: »Moving Motivator« – Finden Sie spielerisch heraus, welche persönlichen Werte Ihre Mitarbeiter antreiben

Das Ziel des Spiels »Moving Motivators« von Management 3.0[31] ist es, die Kommunikation im Team zu verbessern, indem man ein besseres Verständnis für die Motivation, individuellen Grundmotive und Werte der einzelnen Teammitglieder bekommt. Es zeigt die intrinsischen Bedürfnisse und Werte jeder Person und wie jeder auf sie reagiert. Extrinsische Motivationen wie Geld, Boni oder Belohnungen funktionieren nur kurzfristig. Menschen möchten ihr Bestes geben und ein Gefühl der Selbstkontrolle und Selbststeuerung beim Erreichen ihrer Ziele haben. Intrinsische Motivation funktioniert langfristig und wird erreicht, wenn die Grundwünsche der Menschen erfüllt werden.

Die »Moving Motivators« sind ein einfacher, aber wirkungsvoller Ansatz und ein Spiel, das Teams dazu zwingt, über tiefere Werte und das, was wichtig ist, nachzudenken. Sie lernen das »Why« der Mitarbeiter kennen. Es ist eine praktische Methode, um die oft schwierig empfundene Diskussion über persönliche und Unternehmenswerte in Gang zu bringen. Führungskräfte erhalten Einblicke, ob bestimmte Ereignisse das Team eher motivieren oder demotivieren. Sie können auch mögliche Konflikte der aktuellen Teamkonstellation erkennen.

Durchführung des Spiels »Moving Motivator«
Die folgende Liste zeigt die zehn intrinsischen Motivatoren, die alle Menschen mehr oder weniger haben:

- Neugier: Ich habe viele Dinge zu erforschen und darüber nachzudenken.
- Ehre: Ich bin stolz darauf, dass sich meine persönlichen Werte in der Art und Weise, wie ich arbeite, widerspiegeln.
- Akzeptanz: Die Menschen um mich herum mögen und schätzen, was ich tue und wer ich bin.
- Beherrschung (Mastery): Meine Arbeit stellt meine Kompetenz infrage, aber sie liegt noch innerhalb meiner Fähigkeiten.
- Macht (Einfluss): Es gibt genug Raum für mich, um zu beeinflussen, was um mich herum geschieht.
- Freiheit: Ich bin unabhängig mit meiner Arbeit und meiner Verantwortung.
- Verbundenheit: Ich habe gute soziale Kontakte zu den Menschen in meiner Arbeit.
- Ordnung: Es gibt genügend Regeln und Richtlinien für ein stabiles Umfeld.
- Sinnerfüllung: Mein Lebensziel spiegelt sich in meiner Arbeit wider.
- Status: Meine Position ist gut und wird von den Menschen, die mit mir zusammenarbeiten, anerkannt.

Mit dem Spiel schaffen Sie ein gemeinsames Verständnis für die Motivatoren und machen diese im Team transparent:

- Was motiviert die Mitarbeiter?
- Welche Auswirkungen haben Veränderungen einer bestimmten Situation auf die Motivation und die Werte?

Jeder »Spieler« erhält ein Kartenset mit zehn Karten, auf jeder Karte steht ein Motivator aus der obigen Liste. Im Remote-Team können Sie dies auch digital spielen. In der ersten Runde reflektiert jeder Mitarbeiter den jetzigen Status seiner Motivatoren und Werte und bringt diese in eine persönliche Reihenfolge von wichtig bis unwichtig und zeigt diese Reihenfolge im Anschluss den anderen Teammitgliedern.

Dadurch lernen die Teammitglieder sowohl Gemeinsamkeiten und als auch Unterschiede und Vielfalt im Team kennen. Rollen und Aufgaben können besser verteilt werden. Wenn ein Mitarbeiter zum Beispiel »Ordnung« als einen wichtigen Motivator hat, benötigt diese Person mehr Struktur und Regeln, um sich wohlzufühlen – anders als bei Personen mit »Freiheit« als wichtigem Wert. Diese Person könnte auch mehr organisatorische Aufgaben übernehmen, wohingegen sich ein freiheitsliebender Mitarbeiter damit schwerer tun würde.

In einer zweiten Runde geht es um das Kennenlernen der Auswirkungen von Veränderungen auf die persönlichen Motivatoren und Werte. Beschreiben Sie einen konkreten bevorstehenden Veränderungsprozess und lassen Sie die Mitarbeiter die Reihenfolge ihrer Karten/Motivatoren überdenken.

Welche Motivatoren sind für die Mitarbeiter nach der Änderung wichtig oder weniger wichtig? Zum Beispiel kann eine Veränderung Einfluss auf die Karte »Beherrschung« haben, wenn Mitarbeiter Angst haben, die Kompetenzen und zukünftigen Anforderungen nicht erfüllen zu können. Ein anderes Beispiel ist die Karte »Status«. Die Mitarbeiter können die Befürchtung haben, dass sie ihren Status und ihre Position verlieren könnten.

Bei Change-Projekten oder der Rollen- bzw. Aufgabenverteilung sollten Sie als Führungskraft die Motivatoren, Werte und Ängste (Stressauslöser) kennen und beachten, damit alle Mitarbeiter engagiert sind.

In diesem Spiel gibt es kein Richtig oder Falsch. Es gibt nur ein Richtig! Beurteilen Sie die Menschen nicht nach ihrer persönlichen Motivationsordnung. Es sind verschiedene individuelle Sichtweisen.

KAPITEL 4

DIGITALE TOOLS RICHTIG EINSETZEN UND EFFEKTIV KOMMUNIZIEREN

- Wie Sie effektiv im digitalen Team kommunizieren und Ihre Ziele erreichen
- Wie Sie Tools so auswählen, dass Sie davon profitieren
- Wie Sie Online-Meetings richtig durchführen und Zoom-Fatigue verringern
- Wie Sie für eine produktive Arbeitsorganisation sorgen, ohne die Mitarbeiter zu überlasten
- Wie Sie sich im hybriden Team am besten organisieren

Das Why: Warum die besten Tools mangelnde Softskills in der Kommunikation nicht kompensieren

Das Thema Kommunikation in Büros füllt ganze Bibliotheken. In virtuellen und hybriden Arbeitsformen reduziert sich dieses Angebot auf ein sehr überschaubares Maß. Eric Schott, Chef des Beratungsunternehmens Campana & Schott aus Frankfurt, stellte in einem Interview mit der »Wirtschaftswoche« im Dezember 2020 über Homeoffices fest: »Wir sollten uns die Lage nicht selbst schönreden. Zwar haben viele Unternehmen das Umschalten auf Remote Work und Homeoffice gut hinbekommen. Aber diese Digitalisierung bedeutet in Deutschland vor allem Digitalisierung der Kommunikation.«[32]

Schott bringt es auf den Punkt. Die Kommunikation in hybriden Arbeitsformen und in Remote-Teams wird von Führungskräften oft als die größte Herausforderung gesehen. Erstens müssen sie und ihre Mitarbeiter die digitale Kommunikation und auch Zusammenarbeit erlernen. Das fand weder in der Schule noch in der Ausbildung statt. Zweitens erfordern private digitale Nutzungserfahrungen, die in das Unternehmen übertragen werden, eine Organisation, die an den virtuellen Raum angepasst ist, und eine virtuelle Arbeitsumgebung. Drittens existiert in vielen Unternehmen dazu keine explizit digitale Kommunikationskultur oder Kultur der Zusammenarbeit mit vereinbarten Regeln. Die Meta-Studie von Liebermeister von 2019 zeigt, dass die Kommunikationsfähigkeit die mit Abstand (57 Prozent) am häufigsten genannte Kompetenz für die Arbeit in digitalen Arbeitsumfeldern ist. Das teilten die Führungskräfte unter anderem als Selbsteinschätzung mit. Die »dialogischen Kommunikationsfähigkeiten« (Feedback geben, Zuhören, Coachen) werden dabei als besonders erfolgsrelevant gesehen.

Warum sich die interne Kommunikation der Führungskräfte verbessern muss, zeigt auch die bekannte Gallup-Studie von 2019. Eine der wichtigsten Empfehlungen aus dieser Studie ist, dass Unternehmenslenker und Führungsverantwortliche ihre Mitarbeiterkommunikation dringend reflektieren und verbessern sollten.

»Remote Work ist eben nicht nur Technik und Arbeitsplatz, sondern vor allem eine Managementaufgabe, die auch eine neue Organisations- und Rollenverteilung im Team mit sich bringt«, sagt Detecon-Manager Marc Wagner im Gespräch mit der »Wirtschaftswoche«.[33] Die Studie des Elektronikdienstleisters Barco ClickShare von 2020 (befragt wurden 1500 Büroangestellte weltweit) bestätigt, dass der Umstieg auf flexiblere Arbeitsumgebungen auch aktive Schritte hin zu einer neuen virtuellen Meeting-Kultur und -Organisation erfordert. Wer moderiert die Meetings? Wie werden die Ergebnisse festgehalten und kommuniziert? Wie wird das darin generierte Wissen geteilt, und wo wird es abgelegt? Wer kann welche Rolle im Team-Meeting einnehmen? Diese Fragen sollten Führungskräfte beantworten können.

Neben Online-Meetings stehen dem virtuellen Team auch zahlreiche digitale soziale Tools zur Kommunikation zur Verfügung. Führungskräfte verstehen diese Tools und den digitalen Arbeitsplatz im Allgemeinen noch nicht als Führungsinstrumente und wissen nicht, wie sie diese in der täglichen Führungsarbeit effektiv einsetzen können. Im Benchmark Report »Social Collaboration Maturity«[34] ist nachzulesen, dass nur 14 Prozent der Unternehmen virtuelle Plattformen für das Führen von Dialogen zu Businessthemen nutzen. Jedes zweite Unternehmen verfolgt immerhin das Ziel, diese Plattformen aktiv zu verwenden. Doch der Erfolg digitaler Kommunikation und Zusammenarbeit hängt nicht nur von der Nutzungsfrequenz solcher Plattformen oder virtuellen Arbeitsräume ab, sondern vielmehr von den individuellen Fähigkeiten – den Softskills – von Führungskräften und Mitarbeitern. Denn Kommunikation ist nicht Selbstzweck (»Wir müssen mal reden!«), sondern Bestandteil des »Systems Dialog«.[35]

> Ausgeprägte Softskills sind der Schlüssel für ein erfolgreiches virtuelles Team.

Neben den persönlichen Defiziten mangelt es Mitarbeitern an Methoden für strukturiertes und zielorientiertes Arbeiten. Die lassen sich leider in keiner Bedienungsanleitung von Microsoft, Google oder Zoom nachlesen. Die Qualität der Kommunikation und Zusammenarbeit in virtuellen Arbeitsumgebungen ist abhängig von neuen Methoden und der Professionalisierung klassischer Kommunikationsprinzipien.

Immer wenn die Flexibilität und die Agilität erhöht werden, müssen Mitarbeiter und Führungskräfte lernen, neben der richtigen Einführung und Nutzung von Tools auch ihr persönliches Kommunikationsverhalten zu verbessern.

Unternehmen fehlt vor allem ein zielorientierter Einsatz von Tools in Geschäftsprozessen. Konkrete Erfolgsfaktoren und Key Performance Indicators (KPIs), um den zielorientierten Tooleinsatz zu messen, existieren nicht.

Bei richtiger Anwendung unterstützt Technologie Produktivität und Rendite. Bei falscher Nutzung und fehlender Anpassung von Führung und Arbeitsweise senkt sie Produktivität und Rendite.

In den Bereichen Kommunikation und Einsatz von Tools treten häufig ähnliche Situationen auf. Anhand von zwei Fallbeispielen aus der Praxis zeigen wir die typischen Herausforderungen und die entsprechenden Lösungen dazu auf.

Darin zeigen wir Ihnen, wie Sie die richtigen Kommunikationstools auswählen; Sie erhalten individuelle Tipps zur Entwicklung ihrer individuellen Kommunikations-Skills; und schließlich erhalten Sie Hilfestellungen, wie Sie durch gute Organisation der Prozesse im Team und durch zielorientierte Durchführung von Online-Meetings ihre Mitarbeiter vor digitalem Burnout und Überlastung bewahren.

Das How: Herausforderungen und wie man diese löst

Use Case 1: Wie kann man Tools richtig einführen und effektiv kommunizieren?

Der Schmerz im Organisationsalltag

Führungskräfte haben die Qual der Wahl und stellen sich die Frage, welches Kollaborationstool denn nun das Richtige ist. Digitale Kollaborations- und Kommunikationstools sollen nicht nur die Zusammenarbeit auf Distanz ermöglichen, sondern auch für mehr Effizienz sorgen und den steigenden Kundenanforderungen entsprechen. Die Herausforderung besteht darin, neue digitale Tools in bestehende Arbeitsprozesse zu implementieren. Unternehmen müssen in dem Zuge die Zusammenarbeit neu organisieren und zur Nutzung von neuen Technologien die individuelle Kommunikationsfähigkeit fördern und lernen.

Die Qual der Wahl

Es war so einfach damals. Die Pandemie verlagerte die Arbeit in Homeoffices und Remote-Teams. Zur Kommunikation wurden die bewährten Kanäle eingesetzt: Telefon und E-Mail. Kurze Zeit später kam in jedem zweiten Unternehmen Software für die Videokommunikation hinzu. Genutzt wurden verfügbare und kostenlose Softwarelösungen. Die kamen vor allem von US-amerikanischen Anbietern. Dies ist eine Herausforderung an die deutschen und europäischen Datenschutzgesetze und -Verordnungen. Unternehmen haben die Qual der Wahl, unter den zahlreichen teilweise kostenlosen Lösungen die passenden Tools zur Zusammenarbeit und Kommunikation zu finden. Und jeden Tag kommen neue Tools auf dem Markt dazu, der immer unübersichtlicher und schnelllebiger wird. Wie findet man das richtige Tool, und wie implementiert man es in das Unternehmen und die Projektlandschaft? Wie organisiert man digitale Kommunikation?

Hintergrundwissen für Führungskräfte

1. Die Auswahl von Kollaborations- und Kommunikationstools
Die Erfahrungen in Unternehmen zeigen, dass es nicht ausreicht, eine virtuelle Plattform für Zusammenarbeit und Kommunikation im Team bereitzustellen und dann zu hoffen, dass sie von Mitarbeitern genutzt wird. Oft werden Tools ohne konkrete Business-Anbindung eingeführt. Die Mitarbeiter fragen sich dann, wobei ihnen das Tool eigentlich helfen soll. Eine Kommunikationsplattform soll die Arbeitsprozesse unterstützen. Daher sollte die Tool-Auswahl nicht mehr alleinige Aufgabe und Verantwortung der IT-Abteilung oder einer externen Agentur sein, sondern gehört zur originären Aufgabe von Führungskraft, Team und Geschäftsleitung. Dabei sollten vor allem die Mitarbeiter mit einbezogen werden. Denn sie kennen die täglichen Anforderungen in den Geschäftsprozessen, und sie kennen die Verbesserungspotenziale und Alltagssituationen am besten.

> Die Tool-Auswahl sollte nicht allein der IT-Abteilung überlassen werden.

Hierbei ist zu berücksichtigen, dass eine Kommunikationsplattform die Entwicklung einer agilen Arbeitsweise und Vernetzung von Wissen zwar unterstützt. Doch Tools sind immer lediglich Werkzeug und sollten nicht als Ersatz für die analoge Kommunikation betrachtet werden.

Wenn digitale Tools und Medien richtig integriert werden, unterstützen diese bei

- Verbesserungen bezüglich Zusammenarbeit und Informationsaustausch in Prozessen und Workflows,
- besseren und zielorientierten Entscheidungen,
- agilen Arbeitsmethoden,
- Veränderungsprojekten,
- Potenzialmanagement für Mitarbeiter,
- Kreativitäts- und Innovationsfindungsprozessen,
- Wissens- und Informationsmanagement.

Wichtig bei der Auswahl ist es, dass nicht »Features und Functions« im Vordergrund stehen, sondern immer die Anforderungen in den Geschäftsprozessen und der Personen, die mit dem Tool arbeiten sollen. Es gilt daher, die konkreten Anwendungsfälle und Zielsetzungen genau zu analysieren und zu beschreiben. Tools, die auf Anwendungsbereiche spezialisiert sind, sollten sich leicht mit anderen Tools vernetzen lassen, um Insellösungen im Unternehmen zu vermeiden.

2. Kommunikationsskills entwickeln – Tools und Softskills verbinden
Wir beobachten, dass Prinzipien der analogen Kommunikation oft 1:1 in die digitale Welt übertragen werden. Das funktioniert nur bedingt, da der gemeinsame Kontext, wie zum Beispiel die geteilte Büroumgebung, fehlt. Deswegen kommt es oft vor, dass Nachrichten falsch interpretiert werden, weswegen das Konfliktpotenzial in der digitalen Kommunikation höher ist.

Neben der richtigen Auswahl und Nutzung von Tools sind spezielle Kommunikationsskills in der digitalen Arbeitswelt erforderlich. Dabei ist zu berücksichtigen, dass die Zusammenarbeit im virtuellen Team zu einem größeren Teil aus asynchroner Kommunikation besteht. Die schriftliche Kommunikation stellt somit die Basis für den Austausch untereinander dar und hat spezielle Anforderungen, die die Führungskräfte kennen sollten. In Textnachrichten ist es dabei weitaus schwieriger, Emotionen und die eigene Intention so auszudrücken, dass sie beim Empfänger als klare Botschaft ankommt. Oft entsteht das sogenannte »Free Rider«-Problem: »Ich bin nicht betroffen, ein anderer wird es schon machen.« Eine schlechte Kommunikation verursacht nicht nur mangelndes Commitment und Verantwortungsübernahme, sondern ist die Hauptquelle von unterschwelligen Konflikten.

> Eine abgestimmte digitale und analoge Kommunikation ist der Schlüssel zu mehr Engagement in virtuellen Arbeitsräumen.

Effektives und produktives Arbeiten wird gefördert, wenn das digitale Kommunikationsverhalten an die jeweilige Situation und die Kommunikationsempfänger angepasst wird. Damit kann vermieden werden, dass Ziele unerfüllt bleiben, Erwartungen falsch interpretiert werden, Konflikte entstehen oder eine Antwort bzw. erforderliche Reaktion ausbleibt. Führungskräfte müssen auch lernen, Kommunikationskanäle effizient einzusetzen. Sie müssen das Rich Media Konzept kennen und verstehen: Je komplexer ein Sachverhalt ist, desto mehr direkte persönliche Kommunikation ist notwendig.

> Digitale Fitness heißt, sensibel den richtigen Kommunikationskanal zu wählen.

In dieser Rolle wird die Vorbildfunktion der Führungskraft unterschätzt. Sowohl Kollegen als auch Mitarbeiter beobachten das Nutzungsverhalten von Tools und das Kommunikationsverhalten sehr genau. In der Praxis zeigt sich oft, dass Mitarbeiter ihr Verhalten an das Verhalten der Führungskraft anpassen. Führungskräfte müssen daher lernen, eine zielorientierte digitale

Kommunikation vorzuleben. Damit geben sie Mitarbeitern Orientierung. Feedback zu geben und Lob auszusprechen ist über jeden Kanal möglich, egal ob per Telefon, in Videokonferenzen oder per Chat.

Digitale Fitness gilt es auch für den digitalen Kommunikations-Dauerbrenner E-Mail zu entwickeln. Die E-Mail ist mit 63,2 % immer noch die am häufigsten gewählte Kommunikationsform innerhalb von Unternehmen (Convios Consulting 2020 und Eurostat 2021). Überfüllte Postfächer und zeitfressendes E-Mail-Ping-Pong ohne Ergebnis halten die Mitarbeiter von der Arbeit ab.

Was muss ich als Führungskraft jetzt tun?

Das Ziel ist es, Fähigkeiten für einen effektiven und achtsamen Einsatz digitaler Kommunikationsmedien zu entwickeln. Es ist deshalb von entscheidender Bedeutung, die bisherigen Prozesse der Kommunikation und Zusammenarbeit genauer zu betrachten. Wie wird kommuniziert und zusammengearbeitet, und wo gibt es Verbesserungspotenziale? Stößt eine Digitalisierung der Kommunikation und Zusammenarbeit auf hinreichende Akzeptanz der Mitarbeiter? Schließlich kommt es auf die jeweiligen Einsatzszenarien an, in welchem Kontext der Zusammenarbeit und Kommunikation welche Tools genutzt werden.

Im Folgenden erhalten Sie Checklisten als Hilfestellung. Die für Sie neuen Punkte geben Ihnen eine Struktur für Verbesserungsansätze Ihrer Führungsarbeit. Erstellen Sie am Ende eine Prioritätenliste mit Anforderungen, die Sie in der nächsten Woche verbessern möchten.

Checkliste 1: Kommunikationsanalyse – erste Anforderungen beschreiben

Anforderung	Aktuelle Ist-Situation
Was bringt Spaß für die MA? Was ist intuitiv und innovativ?	
Welches Tool passt zu meinem Business?	
Was passt zu meinem Budget?	
Mit welchen Tools können wir bereits gut umgehen (Usability/ Nutzerfreundlichkeit)?	
Welche Tools unterstützen beim Managen von Teams? Wie binde ich Mitarbeiter auf Distanz über das Tool ein?	
Welche Tools haben wir bereits, was benötigen wir neu? Wie vermeide ich Insellösungen?	
Herausforderung digitale Zusammenarbeit – Einsatzszenarien für Tools – Welche Features benötigen wir?	
Herausforderung Wissensvernetzung – Wie können wir Unternehmenswissen vernetzen und ohne großen Suchaufwand auf benötigtes Wissen zugreifen?	
Herausforderung für die Führung – Virtuelle Teams managen – Wie bleibe ich mit meinen Mitarbeitern in Verbindung?	

Checkliste 2: Nutzwertanalyse (NWA) von Tools
- Technisch-funktionale Aspekte (z. B. Systemarchitektur, Prozessabdeckung, Webfähigkeit etc.)
- Anpassbarkeit/Skalierbarkeit an zukünftige Anforderungen (Zukunftssicherheit)
- Leistungsfähigkeit des Anbieters (Branchenkompetenz z. B. durch entsprechende Referenzkunden)
- Qualität des Supports (z. B. durch räumliche Nähe zum Anbieter)
- Kosten (Preis-Leistungs-Verhältnis, Folgekosten)

Checkliste 3: Der richtige Toolmix im virtuellen Team
- Chat-Software und Teamboard für den schnellen, unkomplizierten Austausch
- Aufgabenmanagement oder Kanban-Boards für Transparenz der Aufgaben, Verantwortlichkeiten im Team und agiles Arbeiten
- Dokumentenmanagement in der Cloud für einen Zugriff auf Dateien von überall
- Virtuelles Projektmanagement
- Teamkalender
- Webkonferenz-Tool
- Whiteboard-Tools wie Miro/Mural/Concept-Board für innovatives Arbeiten auf Distanz und für die Gestaltung von Interaktion, kreatives Arbeiten und gemeinsame Problemlösung in Workshops und Meetings

Checkliste 4: Wie führe ich Tools richtig ein und implementiere diese in existierende Arbeitsprozesse?

1. Setzen Sie einen Use Case auf: Definieren Sie zuerst Prozesse, Workflows und deren Anforderungen. Visualisieren Sie den Informations- und Zusammenarbeits-Flow zwischen allen Beteiligten und stellen Sie fest, wo Verbesserungspotenziale liegen.
2. Sorgen Sie für den passenden Tool-Mix: Listen Sie alle Szenarien auf, wie Dokument teilen, Aufgabenmanagement, Ad-hoc- und geregelte Kommunikation, informelle Kommunikation, Meetings, Wissen teilen, Dokumentation, kreatives Zusammenarbeiten.
3. Suchen Sie dann die passenden Tools bzw. Features aus und simulieren Sie, wie Sie diese am besten einsetzen, um Ihre Ziele zu erreichen. Stellen Sie sicher, dass alle Tools bzw. Features miteinander kommunizieren, und vermeiden Sie – wenn es geht – Insellösungen.
4. Sind die Tools gesetzt, wie z. B. Office 365, definieren Sie genau, wie die zahlreichen Features und Funktionen im Einzelnen konkret genutzt werden. Microsoft gibt hier keine Vorgaben.
5. Stellen Sie sicher, dass alle Mitarbeiter mit den Tools umgehen können – auch wenn diese in der Nutzung intuitiv sein sollten. Trainieren Sie die Features und Functions nicht in eigenen Schulungen, sondern demonstrieren Sie sie anhand von konkreten Use Cases und Szenarien im Arbeitsalltag: So haben wir bisher gearbeitet – so arbeiten wir mit den Tools heute und in Zukunft. So holen Sie die Mitarbeiter am besten ab.
6. Stellen Sie klare Richtlinien auf, wie die Tools und Features wofür genutzt werden, um Unklarheiten zu vermeiden.
7. Sorgen Sie dafür, dass Sie einen Ansprechpartner haben, der bei technischen Problemen sofort erreichbar ist. Oder setzen Sie eine wöchentliche Tool-Sprechstunde auf.
8. Holen Sie regelmäßiges Feedback von den Mitarbeitern ein, ob es Probleme gibt oder noch etwas verbessert werden kann.

Checkliste 5: Schaffen Sie Räume für gemeinsame und regelmäßige Kommunikation mit einem festen Team-Place und einem virtuellen Arbeitsbereich

- Nutzen Sie verschiedene Gruppen bzw. Chat-Kanäle für die unterschiedlichen Arbeitsbereiche, aber: weniger ist oft mehr!
- Strukturieren Sie die Inhalte zu den unterschiedlichen Themen, um Konversationen und Informationen besser zu organisieren und zugänglich zu machen.
- Arbeiten Sie gemeinsam in Dokumenten auf dem Workplace. Reduzieren Sie das Senden von E-Mail-Anhängen und den Download von Dateien: »Single Point of Truth« statt das Generieren von verschiedenen Versionen.
- Verwenden Sie Gruppen-Chats, um alle auf den aktuellsten Stand zu bringen.
- Setzen Sie Emojis ein, um Emotionen bei Nachrichten deutlicher auszudrücken und zu unterstreichen.
- Team-Agreement für bessere Transparenz und einheitliche Nutzung des Workplace: z. B. wo (Kanal) werden welche Informationen und Dokumente geteilt bzw. hochgeladen (direkt im Chat, Cloud-Ordner, Wiki, ...) oder das Setzen von Abwesenheits- oder Anwesenheitsstatus.

Checkliste 6: Fehler in der E-Mail-Kommunikation vermeiden

- Schreiben Sie nur eine E-Mail, wenn nötig, denn eine E-Mail kann Zeitverschwendung sein. Sie ist aber oft effizienter als synchrone Unterbrechungen.
- Vermeiden Sie »E-Mail-Ping-Pong« mit Antworten.
- Stellen Sie sich die Frage, ob eine Person unbedingt auf den E-Mail-Verteiler muss. Denn je größer der Verteiler, desto weniger fühlt sich der Einzelne angesprochen.
- Nutzen Sie für das Aufgabenmanagement nicht E-Mails, sondern ein entsprechendes Tool in der Cloud.

- Senden Sie keine E-Mail-Anhänge zum Editieren von Dateien, schicken Sie einen Link zum Dokument in der Cloud.
- Definieren Sie, was dringend und wichtig ist. Wer macht was bis wann?
- Rich-Media-Konzept: je komplexer die Nachricht ist, desto persönlicher sollte der Kommunikationskanal sein. Verwenden Sie eine E-Mail nicht für kritische Themen wie das Austragen von Konflikten und Meinungsverschiedenheiten oder für sensible Angelegenheiten.
- Denken Sie daran, dass E-Mails nicht privat sind, sie können weitergeleitet werden.

Checkliste 7: Evaluieren Sie die folgenden Punkte mit Ihrem Team

- Wo kommunizieren wir wie und mit welchem Tool? Passt das zu unseren Zielen und Bedürfnissen?
- Wo kommunizieren wir zu viel oder zu wenig?
- Wie viel kommunizieren wir formell und wie viel informell?
- Haben wir Status-Meldungen in Chat-Tools vereinbart und hält sich jeder daran?
- Welche Art von Online-Meetings haben wir? Passen Ziel, Anzahl und Kreis der Teilnehmenden?
- Ist immer klar, wer welche Ziele und Aufgaben hat?
- Wo legen wir Dateien ab? Wird das Ablegen einheitlich gelebt?
- Haben wir eine gute Struktur, um Wissen und Informationen schnell zu finden und transparent zu teilen?
- Kommt jeder an die relevanten Informationen?

Use Case 2: Wie kann man durch gute Gestaltung von Online-Meetings und Teamorganisation die Produktivität erhöhen?

Der Schmerz im Organisationsalltag

Die Umstellung von Büroarbeit auf virtuelle Arbeit birgt auch Risiken. Eine wissenschaftliche Untersuchung des Instituts für Beschäftigung und Employability an der Hochschule für Wirtschaft und Gesellschaft Ludwigshafen zeigt den Erschöpfungs- und Ermüdungsstatus der Beschäftigten auf. Rund 60 Prozent der befragten Personen gaben zu, dass sie mit der Umstellung auf Homeoffice dauerhaft onlinemüde seien, 77 Prozent seien es manchmal und nur 8 Prozent sind es selten.

Diese Online-Müdigkeit wird umgangssprachlich unter dem Begriff »Zoom-Fatigue« zusammengefasst. Die Wortschöpfung entstammt der Kombination aus dem bekannten Videokonferenztool »Zoom« und dem in der Medizin verwendeten Begriff »Fatigue«, der einen Erschöpfungszustand bezeichnet. »Es ist damit zu einem neuzeitlichen Thema für Menschen geworden, die häufig an digitalen Videokonferenzen teilnehmen«, sagt die Studienleiterin Prof. Dr. Jutta Rump.[36]

Eine Projektleiterin eines großen deutschen Konzerns liefert Einblicke in diesen Arbeitsalltag:

Der tägliche Zoom-Marathon

»Ich bin den ganzen Tag in verschiedenen Videokonferenzen. Um 8.30 Uhr habe ich die erste Videokonferenz, um 9.30 Uhr bin ich in einem Microsoft-Teams-Meeting. Von 10.30 Uhr bis 12 Uhr nehme ich an einer anderen Webkonferenz teil. Nach der Mittagspause ab 12.45 Uhr geht es dann nahtlos weiter. Oft geht dies so weiter bis in die Abendstunden ... Und dann werden nicht mal die besprochenen Aufgaben erledigt. Nur einige Teilnehmer beteiligen sich im Meeting und tragen was dazu bei. Wenn ich remote arbeite und andere gleichzeitig im Büro am Meeting teilnehmen, werde ich als Remote-Teilnehmer oft vergessen, weil die Kommunikation nur zwischen den Teilnehmern im Büro stattfindet. Ich weiß oft selbst nicht, warum ich ins Meeting eingeladen wurde ...«

Online-Meetings und Videokonferenzen reihen sich nahtlos aneinander. Eine Studie des Organisationsforschers der Uni Konstanz, Florian Kunze, zeigt die besonderen Kommunikationsanforderungen an Homeoffices und die hybride oder komplett Remote-Arbeitswelt.[37] Demnach verbringen Mitarbeiter den überwiegenden Arbeitstag mit Videokommunikation. Sie kommen nicht in ein strukturiertes und zielorientiertes Arbeiten und sind emotional erschöpft. In vielen Unternehmen sind Tools wie »Teams« oder »Zoom« zur neuen Heimat geworden.

Hinzu kommen die Besonderheiten von hybriden Meetings, wenn ein Teil der Teilnehmer aus dem Büro im selben Raum und der andere Teil remote zugeschaltet ist. Ein solches Meeting bedarf einer speziellen Gestaltung und Durchführung. Führungskräfte müssen lernen, unter solchen Meeting-Rahmenbedingungen zielgerichtet und effizient zu kommunizieren.

Hintergrundwissen für Führungskräfte

Derartigen Erschöpfungserscheinungen lässt sich durch gute Gestaltung von Online-Meetings und Organisation im Team vorbeugen.

Jeremy Bailenson, Gründungsdirektor des Stanford Virtual Human Interaction Lab (VHIL), hat die psychologischen Folgen und die Ursache von Ermüdungserscheinungen durch ständiges Nutzen von Videokonferenzplattformen untersucht.[38] Sowohl die übermäßige Menge an Augenkontakt, die wir bei Videochats haben, als auch die Größe der Gesichter auf

Bildschirmen ist unnatürlich und wirkt auf uns sehr intensiv. Wenn das Gesicht einer Person im echten Leben so nah an unserem ist, interpretiert unser Gehirn dies als eine intensive Situation und sendet Stresssignale aus. Des Weiteren ist das sich selbst Betrachten in Videochats wie ein Spiegel und wirkt ermüdend. Videochats schränken unsere gewohnte Beweglichkeit dramatisch ein. Wir sind gezwungen, ständig an einem Platz sitzen zu bleiben. Auch ist die kognitive Belastung bei Videochats sehr viel höher. Denn wir müssen uns mehr anstrengen, um nonverbale Signale zu senden und zu empfangen.

Zum einen erfordern Planung und Durchführung von Online-Meetings didaktische und pädagogische Fähigkeiten seitens der Organisatoren und der Moderatoren, um die Ziele zu erreichen und Commitment von den Teilnehmern zu erhalten. Vor dem Meeting fehlt oft eine Agenda, die an alle verteilt wurde, oder es wird kein Ziel definiert, was am Ende des Meetings erreicht werden soll. Des Weiteren wird nicht festgelegt, wie das Meeting im Ablauf und organisatorisch gestaltet wird. Das betrifft vor allem Redezeit, Zeitfenster für Interaktionen sowie den Einsatz weiterer Tools wie Whiteboards für das Erarbeiten von Lösungen in der Gruppe. Ein Frontalvortrag über längere Zeit trifft nicht auf das Aufmerksamkeitsvermögen der Mitarbeiter im digitalen Raum, das eher auf Fakten und ihre Aufgabe ausgerichtet ist. Langanhaltende und ziellose Plauder-Meetings versetzen einen Großteil des Teams in den ==Multitasking-Status==. Eingehende E-Mails und neue Nachrichten auf anderen Kanälen werden zeitgleich gelesen und beantwortet. Kein Wunder, wenn Entscheidungen nicht mitgetragen werden oder die Teilnehmer keine Ideen ins Meeting einbringen. Der Moderator spricht gegen schwarze Konferenzkacheln.

Gute Organisation im Team fördert Produktivität

Neben einer guten Gestaltung von Online-Meetings gilt es, die synchrone und asynchrone Kommunikation auszubalancieren und für eine Organisation zu sorgen, sodass der Abstimmungsbedarf im Team gewährleistet und gleichzeitig Überlastung durch zu viel Synchronizität und ständige Erreichbarkeit vermieden wird. Dabei macht weder die stille Arbeit allein noch das andere Extrem, ständig alles und jeden Vorfall zu teilen, das Team produktiv.

Hinter einer Ermüdung versteckt sich eine Konzentrationserschöpfung (»Concentration Fatigue«) durch zu viel »Always on«. Produktivität und das effiziente Abarbeiten von Aufgaben braucht Aufmerksamkeit und Fokuszeit. Asynchrone Arbeitszeit ermöglicht die Arbeit nach einem persönlichen Zeitplan und sorgt für konzentriertes, störungsfreies Erledigen von Aufgaben. Synchrone Arbeitszeit hingegen ist oft fremdgesteuert von Führungskräften, Mitarbeitern und Kunden.

Mit hybriden Arbeitsvereinbarungen wird die Komplexität des Managements zunehmen: Führungskräfte stehen vor den gleichen Herausforderungen bei der Koordination von Arbeitsabläufen, die sie in der Vergangenheit gemeistert haben, jetzt mit der zusätzlichen Herausforderung, die Koordination von Menschen zu übernehmen, die nicht zu vorhersehbaren Zeiten anwesend sein können. Das bedarf einer guten Organisation und angepasster Kommunikation. Wenn man über Rollen und Aufgaben nachdenkt, sollte man damit beginnen, die kritischen Produktivitätsfaktoren – Konzentration, Koordination und Kooperation – für jeden Einzelnen zu verstehen. Als Nächstes sollte überlegt werden, wie diese Faktoren durch eine hybride Arbeitsorganisation für jeden Einzelnen beeinflusst werden.

Mitarbeiter sind am produktivsten, wenn sie asynchron arbeiten und sich auf ihre Arbeit ohne Ablenkung konzentrieren können. Asynchrone Arbeit erfordert viel Dokumentationsaufwand, um die Ergebnisse schließlich unter den beteiligten Mitarbeitern teilen zu können. Fakt in der Praxis ist: Dokumentieren bereitet oft wenig Freude! Überlegen Sie sich, welche Art von

Dokumentation sinnvoll ist und wie der Dokumentationsprozess für die Mitarbeiter erleichtert und beispielsweise durch Vorlagen standardisiert werden kann. Synchrone Zusammenarbeit ist wichtig, um gemeinsam Probleme zu lösen, komplexe Sachverhalte zu klären oder den Teamspirit aufrechtzuerhalten. Klären Sie, wie viel Anteil asynchrone und synchrone Zusammenarbeit das Team und die unterschiedlichen Prozesse individuell benötigen, um die oben genannten Produktivitätsfaktoren bestmöglich auszugestalten.

Damit Mitarbeiter effizient asynchron arbeiten können, bedarf es einer klaren Aufgabenverteilung und einem Verständnis von Rollen und Verantwortlichkeiten. Führungskräfte müssen alle notwendigen Ressourcen bereitstellen, damit Mitarbeiter eigenverantwortlich arbeiten können.

Mit der Frage »Wie viel Synchronizität benötigt mein Prozess oder Projekt?« geht auch die Überlegung einher, wann ein Online-Meeting sinnvoll ist und ob der Sachverhalt bzw. die Aufgabe auch genauso gut oder besser in asynchroner Zusammenarbeit gelöst werden kann. Im Team ist auch zu klären, wie viele Meetings generell in der Woche benötigt werden. Und nicht alles, was wichtig ist, ist dringend und erfordert den Aufwand einer Videokonferenz. Oftmals ist ein Telefonat effektiver. Damit wird nebenbei auch die Bildschirmzeit und die emotionale Erschöpfung reduziert (siehe auch Kapitel 7 »Mental Health«).

Was muss ich als Führungskraft jetzt tun?

Zoom-Fatigue und emotionale Erschöpfung können vermieden werden. Im Folgenden geben wir mit einigen Checklisten die wichtigsten Tipps und konkrete Hilfestellung. Die häufigsten Fragen aus der Praxis:
- Wie bereite ich Online-Meetings effizient vor?
- Wie halte ich während des Meetings alle engagiert? Was kann ich tun, damit sich jeder beteiligt?

- Wie bringe ich die Teilnehmer zu sinnvoller Interaktion, um Probleme zu lösen?
- Wie binde ich alle Beteiligten in einem hybriden Meeting ein?
- Was mache ich, wenn mental alle abschalten und man als Moderator gegen eine Wand spricht?
- Wie bleiben wir informiert, ohne ständig online sein müssen?
- Wann ist ein Online-Meeting sinnvoll? Was kann asynchron erarbeitet werden?

Checkliste 1: Vorbereitung von virtuellen Meetings

- Ist das Ziel definiert und kommuniziert?
- Sind die erwarteten Ergebnisse definiert?
- Ist die Agenda verteilt?
- Ist der Moderator identifiziert?
- Ist die Agenda verteilt?
- Hat jeder Zugang zum Tool?
- Wurde die Technik vorab getestet? Gibt es einen Backup-Kanal?
- Sind Gruppenarbeiten (z. B. Breakout-Sessions) eingerichtet?
- Sind Templates und Whiteboard vorbereitet?
- Ist die Art und Weise der Durchführung geplant (Redezeit, Gruppenarbeiten, genügend Pausen)?
- Haben die Moderatoren ausreichend Methodenkompetenz?

Checkliste 2: Engagement in Online-Meetings erhöhen und Zoom-Fatigue vorbeugen

- Nutzen Sie kreative Icebreaker:
  - Icebreaker, um Engagement gleich zu Beginn zu erhalten
  - Technische Icebreaker, um alle mit der Technik spielerisch vertraut zu machen. Das sollte Spaß machen! Stichwort: Mural Hindernislauf
  - Mentale Icebreaker, um Stress zu reduzieren

- Übernehmen Sie analoge Meeting-Formate nicht 1:1 in die Online-Welt: Die Aufmerksamkeitsspanne ist im digitalen Raum geringer als im analogen Raum.
  - Ganztages-Workshops oder lange Meetings ohne Pausen vermeiden, max. 3-4 Stunden Online-Workshop am Tag
  - Immer wieder kleinere Pausen einplanen, damit die Teilnehmer mental abschalten und sich bewegen können
  - Nicht länger als 15 Minuten ohne Interaktion in der Gruppe präsentieren
- Planen Sie regelmäßige Interaktionen ein: Umfragen einsetzen, Voting, Feedback.
- Nutzen Sie bei längeren Meetings oder Workshops Break-out-Sessions für Gruppenarbeiten.
- Setzen Sie Whiteboard-Lösungen für Interaktionen ein (z. B. Mural, Miro, Conceptboard).
- Beziehen Sie durch aktive Fragen Teilnehmer mit ein, nutzen Sie aktives Zuhören, lassen Sie besprochene Punkte von Teilnehmern zusammenfassen.
- Setzen Sie die Webcam richtig ein: Mimik und Gestik sind für erfolgreiche Kommunikation wichtig.
- Dokumentieren Sie die Ergebnisse und delegierten Aufgaben während des Meetings und verteilen Sie diese anschließend.
- Übertragen Sie Aufgaben in ein Aufgabenmanagement-Tool bzw. Kanban-Board

- Vermeiden Sie Überlastung und Stress:
  - Hin und wieder bewusstes Abschalten der Webcam beugt Überlastung durch Bilderreiz vor.
  - Nehmen Sie Ihr eigenes Video aus der Zoom-Ansicht heraus (falls technisch möglich), um eigene Überlastung – sich ständig in einem Spiegel sehen zu müssen – zu vermeiden.
  - Legen Sie hin und wieder eine »Nur-Audio«-Pause ein.
  - Definieren Sie genau, ob ein Meeting notwendig ist oder ob asynchron zusammengearbeitet werden kann.

Checkliste 3: Interaktion in Online-Meetings und Online-Workshops gestalten und moderieren

- Zielsetzung definieren
- Vor dem Meeting Zielbild und Lernreise aufstellen und deren Umsetzung visualisieren:
  - Was muss ich vorbereiten?
  - Welche Fragen stelle ich?
  - Wie gestalte ich welche Interaktion mit welcher Zielsetzung?
- Whiteboard-Lösung einsetzen und auswählen (Tool-Tipp: Mural, Miro, Conceptboard)
- Whiteboard-Sektionen für das interaktive Arbeiten vorbereiten und ggf. verfügbare Templates einsetzen und modifizieren
- Break-out Session für Gruppenarbeiten nutzen
- Bei hybriden Meetings die Besonderheiten bei der Gruppengestaltung beachten (»Bürogruppe«, »Remote-Gruppe«)
- Genug Zeit für Gruppenarbeiten und Präsentation der Ergebnisse einplanen
- Time-Boxing für Gruppenarbeiten einsetzen, um die Gruppe fokussiert zu halten
- Moderations- bzw. Facilitator-Skills:
  - Dialoge gestalten

- Fragetechnik einsetzen, um Gruppe zielorientiert einzuleiten
- Moderationsfunktionen im Tools verwenden
- Mit schwierigen Situationen und Teilnehmern empathisch umgehen

Checkliste 4: Höhere Produktivität und Vermeidung von Überlastung durch asynchrone Zusammenarbeit – wie wird dies organisiert und wie bleiben alle auf dem Laufenden?

- Analysieren Sie Ihre Prozesse mit Ihrem Team: wo kann asynchron gearbeitet werden, wo ist auf jeden Fall eine synchrone Abstimmung nötig?
- Klären Sie Rollen und Verantwortlichkeiten im Team.
- Teilen Sie den Workload in klare, überschaubare Aufgaben auf und klären Sie Erwartungen bezüglich Arbeitsergebnissen: Ziel, Zeitplan, Verantwortlichkeiten.
- Stellen Sie alle benötigten Ressourcen und Informationen bereit, damit die Aufgaben selbstorganisiert und ohne viele Rückfragen erledigt werden können.
- Klären Sie, an wen sich die Mitarbeiter bei aufkommenden Problemen wenden können.
- Sorgen Sie für Transparenz bei Aufgaben, damit Sie sich untereinander besser abstimmen und jeder auf dem Laufenden ist: Arbeitsergebnisse, Bearbeitungsstand und Arbeitsergebnisse sollten dokumentiert werden (Tool-Tipp: Loom).
- Setzen Sie ein Tool zur Aufgabenverwaltung ein, das jedem zugänglich ist.
- Management by Ergebnissen, nicht Management by Anwesenheit: Was zählt, ist, ob Arbeitsergebnisse erzielt werden, nicht wie lange die Mitarbeiter anwesend sind.
- Stimmen Sie sich im Team ab, wer wann wie erreichbar ist.
- Stellen Sie Regeln für die Verwendung des Verfügbarkeits- und Abwesenheitsindikators im Chat-Tool auf.

- Definieren Sie, welche Meetings wichtig sind und welche Art von Kommunikation und Meetings stattfinden soll. Etablieren Sie Meeting-Routinen: Stand-up, Jour fixe, Weekly, Retrospective, 1:1-Gespräch.
- Verzichten Sie hin und wieder auf Videokonferenzen, wenn die Kommunikation auch per Telefonkonferenz oder Telefonat möglich ist.
- Betreiben Sie Digital Detox: Setzen Sie Benachrichtigungen und Push-Nachrichten zielführend ein, um Ablenkung und ständige Erreichbarkeit zu vermeiden.

KAPITEL 5
DIGITALE MEDIENKOMPETENZ ENTWICKELN

- Was Sie über digitale Medien unbedingt wissen müssen
- Warum Digitalkompetenz mehr als Softwareanwendung ist
- Warum Konzentration und Aufmerksamkeit die neuen Super-Skills sind
- Wie Sie mit Informations-Overload umgehen
- Wie Sie die richtigen Kernkompetenzen zur Mediennutzung entwickeln

Das Why: Warum Führungskräfte und Mitarbeiter digitale Medienkompetenz benötigen

Ein Entscheider aus einem mittelständischen Zuliefererunternehmen berichtete während eines digitalen Medienprojekts: »Ach wissen Sie, ich muss das Digitalzeugs nicht verstehen, geschweige denn wissen, wie es funktioniert. Hauptsache ist, dass es funktioniert! Ich vergleiche das mit meinem Dienstwagen. Da steige ich ein, drücke auf den Knopf und fahre los.«

> Künstliche Intelligenz kompensiert nicht die Mängel an digitalen Fähigkeiten.

Künstliche Intelligenz (KI) ist eines der wichtigsten Zukunftsthemen für Führungskräfte. Sie fragen sich, für welche Prozesse der Einsatz von Digitalisierung und KI sinnvoll oder sogar wettbewerbsentscheidend ist. Denn trotz massiver Produktivitätspotenziale bringt die Einführung neuer KI-Lösungen nach wie vor erheblichen technisch-organisatorischen Aufwand mit sich. Auch auf die Frage der Akzeptanz von KI-Systemen für Kunden und Mitarbeitende haben viele Unternehmen bislang keine klare Antwort. KI-Anwendungen sollen einerseits die Arbeitsproduktivität steigern, aber andererseits nicht zum Vertrauensverlust bei Kunden und Mitarbeitenden führen.

Es entbrannte eine leidenschaftliche Diskussion über Kenntnisse und Fähigkeiten (»Digital Skills«) für Entscheider und Führungskräfte. Wie tief müssen sie in Technologiewissen eintauchen, um über den Einsatz von neuen Technologien zu entscheiden? Oft kennen sich Entscheider lediglich auf einer kaufmännischen Ebene aus. Sie interessiert, was Technologie kostet, nicht wie sie funktioniert. Sie gehen davon aus, dass Technik grundsätzlich funktional bereitsteht und die Effizienz und Effektivität in der Wertschöpfung steigert. »In der Praxis ist das Gegenteil sehr häufig der Fall«, weiß der österreichische Informatiker und weltweite Digitalinvestor Christian Holz (2021). Denken Sie zum Beispiel an den Einsatz sozialer Medien für den Verkauf Ihrer Produkte und Dienstleistungen. Haben Sie Kenntnis darüber, wie effizient deren Einsatz tatsächlich ist? Wie groß ist der Output, und wie viel Aufwand investieren Sie?

Während der digitale Medienkonsum unaufhörlich ansteigt, ist die digitale Medienkompetenz seit der Kommerzialisierung des World Wide Web Mitte der 1990er-Jahre auf einem niedrigen Niveau geblieben. Viele Führungskräfte fragen sich, warum man sich die Mühe machen sollte, die technischen Geräte und Tools, die uns umgeben, tatsächlich nachzuvollziehen oder zu erklären, wenn sich Geräte und Software in Zukunft sowieso und scheinbar selbst entwickeln.

> Führungskräften kommt in der digitalen Arbeit der Zukunft unweigerlich die Aufgabe zu, sich mit den neuen Technologien, deren Einsatzmöglichkeiten, Wirkungsweisen und der Produktivität intensiv zu beschäftigen. Dies betrifft sowohl die Konzentration auf das Wesentliche und die Verringerung von Ablenkung durch digitale Medien als auch den individuellen Umgang mit Informationen und Daten.

Immer wieder erleben wir es in der praktischen Beratungs- und Coachingarbeit, dass die technischen Kenntnisse, die nötig sind, um neue (techniklastige) Workflows zu gestalten, unterschätzt werden. Diese Haltung ist zur Blaupause in der deutschen Wirtschaft geworden. Da verwundert es nicht, dass einerseits die zukunftsorientierte Gestaltung von Arbeitsumgebungen schwach ausfällt und andererseits Mitarbeiter in diesen Prozessen passiv sind. Am Ende des Tages bleibt es bei einem geringen Engagement der Mitarbeiter, da deren Potenziale nicht angesprochen und gefordert werden.

| Je geringer die digitale Medienkompetenz von Führungskräften, desto geringer das digitale Engagement der Mitarbeiter.

Um das Potenzial von Mitarbeitern anzuheben, wenn es darum geht, dass sie digitale Medien nachhaltig in den Arbeitsprozess integrieren, sollen Führungskräfte mit gutem Beispiel vorangehen und die digitalen Medien effektiv für die eigene Arbeit einsetzen. Dazu sind fundierte Grundkenntnisse über digitale Medien und deren Gebrauch als Endnutzer notwendig.

Führungskräfte und Data Literacy

Eine Studie der Professorin für New Work an der Universität St. Gallen, Alexandra Cloots, zeigt, dass in allen Branchen die digitale Kompetenz der Informationsbeschaffung und der Kommunikation bzw. Kollaboration am bedeutsamsten eingestuft werden.[39] Zusätzlich stellt die Datenkompetenz (»Data Literacy«) die Grundlage wichtiger Skills in der digitalen Transformation dar. Sie umfasst die Fähigkeiten, Daten auf kritische Art und Weise zu sammeln, zu managen, zu interpretieren und anzuwenden. Auf die Frage, wie sich Führungskräfte diese Datenkompetenz aneignen, führen sie in erster Linie individuelle Lernformen, vor allem das eigenständige Anlesen an. Klassische Formen der Weiterbildung (Seminare, Trainings) erscheinen ihnen in dieser Hinsicht überraschenderweise weniger wichtig.[40]

> »A fool with a tool is still a fool.«

Digitale Kompetenz schließt jedoch mehr ein als Computeranwendungskenntnisse. Es ist nicht damit getan, nur ein neues Tool zu kaufen: »A fool with a tool is still a fool.« Zuerst gilt es die Psychologie des Menschen und dann die Technologie zu betrachten.

Die größte Herausforderung für Führungskräfte ist nicht das Anwenden der neuesten App, sondern das Management von Aufmerksamkeit und die Fähigkeit zur Konzentration. Der Virtual-Teammanagement-Experte Dr. Beat Bühlmann nennt das »Attention Management«. Für ihn ist das »Attention Management die wichtigste Fähigkeit der Zukunft, denn ihre Aufmerksamkeit zu fokussieren, haben die meisten Knowledge-Worker nie gelernt«, postuliert der Experte.[41]

Während unserer Begleitung von Führungskräften in ihren digitalen Projekten über längere Zeiträume konnten wir in den letzten Jahren feststellen, dass die Bewältigung der digital zur Verfügung stehenden Daten, Informationen und Wissen in den letzten Jahren zum Thema Nummer eins avanciert ist. Eine aktuelle Befragung unter Führungskräften belegt diese für viele noch nicht gelösten Herausforderungen. Im April und Mai 2020 führten wir in den persönlichen Netzwerken von LinkedIn eine Umfrage zum Schmerz und Handlungsbedarf im Bereich »Digitale Fitness« durch.[42] Die Auswertung brachte zwei Ergebnisse: Erstens suchen mehr als 70 Prozent mindestens einmal wöchentlich nach Tools und Apps zur Beherrschung des täglichen Information-Overloads. Zweitens empfinden mehr als 50 Prozent das Ablenkungspotenzial durch digitale Medien mittlerweile als Produktivitätskiller Nummer 1. Summa summarum liegt der Schmerz also nicht nur in der Quantität vorliegender Daten und Informationen, sondern es wird viel Energie darauf verwendet, die vielen Ablenkungen beherrschen und sich auf das Wesentliche konzentrieren bzw. fokussieren zu können.

Komplexität beherrschen zu können, ist ein Glaubenssatz aus analogen Zeiten, in denen eine Information per Fax noch Tage bis Wochen brauchte, bis sie zum Empfänger gelangte und bearbeitet wieder zurückkam. Auf Lösungen zu unserer aktuellen Herausforderung werden wir voraussichtlich noch zwei bis drei Dekaden warten. Bis dahin müssen wir uns wohl mit psychologischen Strategien behelfen.

> Konzentration und Aufmerksamkeit sind die neuen Schlüsselqualifikationen.

Mit den Strategien Aufmerksamkeits- und Konzentrationsmanagement ist der Erwerb von Fähigkeiten notwendig, die in der Zukunft zu den wichtigsten Kompetenzen gehören werden, so Bühlmann im Gespräch mit Nopper-Pflügler.[43] Für ihn ist dies klar »Attention Management« – das Managen der eigenen Aufmerksamkeit. Denn gerade wegen der technischen Entwicklungen in den letzten Jahren ist die Fähigkeit, Ablenkungen zu kontrollieren und fokussiert zu bleiben, wesentlich, um qualitativ bestmögliche Ergebnisse zu erzielen. Dies haben die meisten Führungskräfte und Knowledge-Worker nie gelernt.

Das How: Herausforderungen und wie man diese löst

Use Case 1: Wie steigert man mit Attention-Management die Produktivität?

Der Schmerz im Organisationsalltag

Informationsüberflutung und Entscheidungsdruck. Stetige Ablenkung senkt Produktivität. Welche Führungskraft kennt das nicht? Mit der Informationsüberflutung erleben wir einen Zustand, in dem wir die Informationen, die uns übermittelt werden, nicht mehr zeitnah verarbeiten können. Die Konsequenz dieser Informationsüberflutung ist eine Verschlechterung unserer Entscheidungsfähigkeit. Dass dieses Phänomen seit Erscheinen des Buches *Future Shock*[44] von Alvin Toffler (1970) heute zu einem betriebswirtschaftlichen Problem angewachsen ist, verwundert nicht. Die Studie »The Digitization of the World from Edge to Core« der Marktforschungsfirma IDC gemeinsam mit dem Festplattenhersteller Seagate bringt die Ursache ans Tageslicht.[45] Demnach wird das weltweit aktuell generierte Datenvolumen bis 2025 um mehr als das Vierfache steigen.

Mehr Information ist nicht mehr Wissen
Es ist jeden Tag immer dasselbe, und gefühlt wird es immer mehr. Seit der Homeoffice-Arbeit schreiben wir noch mehr E-Mails als je zuvor. Dazu kommen noch Chats in den unzähligen Videokonferenzen und wieder E-Mails danach. Information 24/7! Jetzt wurde bei uns auch noch ein Marketingtool installiert, das die Daten von Internetbesuchern auf unseren Internetproduktseiten erfasst. Ich komme mir vor wie ein Statistikprofessor, der aus den Unmengen von Informationen die Erkenntnisse gewinnen und die Kernbotschaft an die Mitarbeiter weitergeben soll. Da ich das aus Zeitgründen nicht schaffe, gebe ich die Infos per E-Mail-Verteiler einfach so weiter. So dreht sich die Info-Spirale immer weiter, ohne dass jemand wirklich schlauer in seinem Job wird.

Die Datenrevolution ist in vollem Gange, glaubt man den Silicon-Valley-Digitalisten. Wir werden einen explosionsartigen Anstieg neuer Daten vor allem in den industriellen Produktionsbranchen erleben – durch mehr technische Geräte und mehr Sensoren. Zudem wird das mobile Internet noch schneller (5G) und damit wachsende, neue und ungeahnte Datenanwendungen ermöglichen. Die kognitiven Ressourcen, die wir mit Blick auf die Bewältigung dieses Datenanstiegs haben, reichen bei Weitem nicht aus.[46]

Mit dieser Daten- und Kommunikationsüberlastung steigt die kognitive Überlastung im Gehirn an. Diese Triade aus Überlastung durch Daten, Kommunikation und Kognition wird als »Triple Overload« bezeichnet (vgl. Nopper-Pflügler 2020).

Schon der Versuch der Führungskraft, den Overload zu reduzieren, erzeugt Stress. Denn das stetige Suchen nach Informationen erhöht die Arbeitsbelastung. Durchschnittlich sucht ein »Knowledge-Worker« zwei bis zweieinhalb Stunden am Tag nach Informationen, sei es nach E-Mails, die auf wundersame Weise verschwunden sind, oder das letzte Passwort für das agile Projekttool. Die Erfahrungen aus zahlreichen eigenen Digitalprojekten mit dem Projektziel »Wissensmanagement-Tools im Unternehmen« scheiterten am Ende an der Nutzerpsychologie der Mitarbeiter. Die Ursachen der unproduktiven Informationsflut liegen nach Aussagen des »Information-Overload-Experten« Nathan Zeldes in der heutigen Unternehmens- und Arbeitskultur.[47]

Hintergrundwissen für Führungskräfte

Bekanntermaßen lässt sich die Unternehmenskultur nicht von einer einzelnen Person ändern. Dies ist eine gesamtunternehmerische Verantwortung. Sie darf nicht allein auf einzelne Führungskräfte abgeladen werden, um das Problem der Informationsüberlastung zu lösen. Kulturveränderung ist gleichermaßen bottom-up wie top-down. Neben der Gesamtorganisation sind individuelle Strategien hilfreich, auf die im Folgenden eingegangen wird.

Jede individuelle Strategie bewegt sich im Korridor von Kenntnissen und Fähigkeiten über digitale Medien. Sie umfassen grundsätzliche Funktionsweisen über digitale Medienproduktionen, Entscheidungsgrundlagen über den zielgerichteten Businesseinsatz und Methoden der Erfolgsmessung. Es gilt, Technologien und digitale Medien verantwortungsvoll einzusetzen, um zu vermeiden, dass Mitarbeitende intellektuell wie physisch überfordert werden. Das ist eine Aufgabe, die sich der Führungskraft permanent stellt.

Wie wir sehen werden, sind persönliche Fähigkeiten und Kompetenzen gefordert, und die hochfliegenden Versprechungen von technologischen Lösungen sollten kritisch gesehen werden. Lösungen für den Alltag sind leider nicht downzuloaden wie eine App. Im Alltag sind konkrete Verhaltensweisen, Strategien und Persönlichkeiten mit klaren Zielen gefragt. Und diese zu entwickeln, braucht wiederum Arbeitszeit. Nur so kann in Unternehmen der Dominoeffekt angestoßen werden, um im digitalen Arbeitsumfeld positive Wirkungen zu erzeugen.

Wir schlagen vier Kernstrategien für mehr Konzentration und Fokussierung der Aufmerksamkeit im Umgang mit der Informationsflut vor.

1. Umgang mit Multitasking
2. Richtiger Einsatz Emotionaler Intelligenz
3. Umgang mit Daten: Analyse und Interpretation
4. Datenkompetenz (Digital Literacy).

Das sollten Sie wissen und regelmäßig in Erinnerung rufen, wenn der Information-Overload anrollt:

1. <u>Konzentration gibt es nur ohne Multitasking.</u> Die Hirnforschung zeigt, dass man sich mindestens 30 bis 40 Minuten am Stück ohne Unterbrechung auf etwas konzentrieren muss, damit man Zusammenhänge in komplexen Umfeldern erkennen kann. Ein permanenter Overload verhindert längere Konzentrationsphasen. Wissenschaftler haben nachgewiesen, dass wir nicht in der Lage sind, unsere konzentrierte Aufmerksamkeit auf mehrere Dinge gleichzeitig zu richten. Wir erliegen hier einer Illusion, die uns durch schnelles Wechseln zwischen den Aufgaben eine Gleichzeitigkeit vorgaukelt. In Wirklichkeit verschwenden wir bis zu 25 Prozent unserer Arbeitszeit durch dieses permanente Springen zwischen den Aufgaben. Wissenschaftler bezeichnen dieses Phänomen als Sägeblatteffekt.

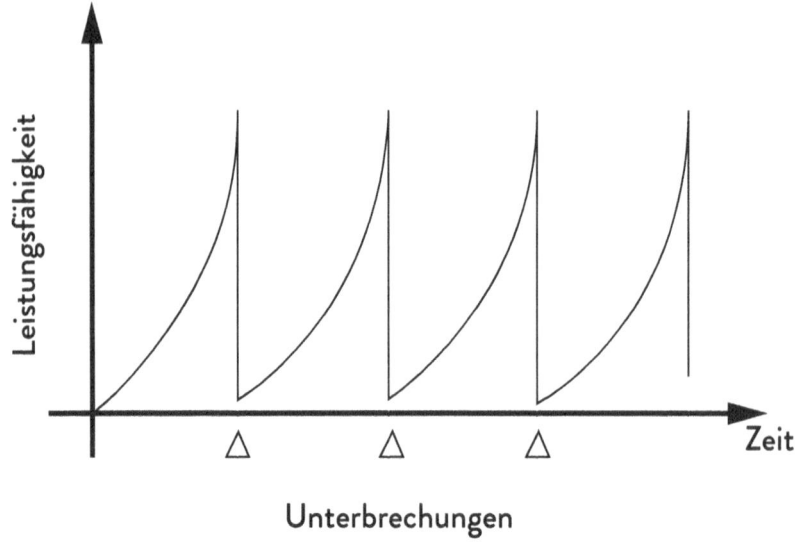

2. Aufmerksamkeitssteuerung braucht Emotionale Intelligenz (EQ). Der Wissenschaftler und Autor des Buches »Emotionale Intelligenz«, Daniel Goleman, beschreibt zwei Formen von Aufmerksamkeit: die willentliche Aufmerksamkeit und die reflexhafte Aufmerksamkeit. Durch die Förderung emotionaler Intelligenz öffnet sich ein ganz neues Blickfeld auf die willentliche Gestaltung der eigenen Aufmerksamkeit. Sie ist das Ergebnis einer kognitiven Instanz, die den reflexhaften Umgang mit eintreffenden Informationen in ein Gleichgewicht bringen kann. Sie gibt Kontrolle über die emotionalen Impulse und steuert damit die Aufmerksamkeit zum Positiven. Golemann beschreibt, dass die EQ-Faktoren Einstellungen und Gewohnheiten im Gegensatz zum Intelligenzquotienten veränderbar und damit erlernbar sind. Der Wille kann also eine reflexartige Handlung steuern. Das Verhalten im Umgang mit der Datenflut hängt demnach von der persönlichen Lernfähigkeit ab.
3. Der Umgang mit Daten braucht ein Gleichgewicht von Emotion und Rationalität. Der Umfang von Daten und Informationen überfordert

Uns Menschen, weil wir scheinbar AntwOrten bekommen, zu denen wir keine Fragen gestellt haben. Wenn wir jedoch eine Frage stellen und gezielt nach einer Antwort suchen, kann der Umfang von Daten und Statistiken eingegrenzt werden. Dennoch sollten wir Daten nicht unkritisch vertrauen. Interpretationen basieren häufig auf persönlichen Annahmen, nicht auf Fakten. Unwissen über Methoden des Vergleichens und Aufarbeitens von Informationen kann diesen Effekt noch verstärken. Manchmal bilden sie die Realität unwirklich ab, und durch Fehlinterpretationen und vorschnelle Schlussfolgerungen entstehen falsche Ergebnisse. Wir sollten daher die methodischen und emotionalen Fähigkeiten entwickeln, um relevante Daten zu erheben und diese sorgfältig zu analysieren und zu interpretieren. Dann können sie überraschend einfache Lösungen für scheinbar komplexe Probleme liefern, schreiben Ökonom Steven D. Levitt und Wirtschaftsjournalist Stephen J. Dubner in ihrem Buch *SuperFreakonomics*. Ein Gleichgewicht von Rationalität und Emotion fördert die Fähigkeit, die richtigen Fragen zu stellen.

4. <u>Datenkompetenz (Digital Literacy) braucht Offenheit für Neues.</u> Häufig wird Datenkompetenz mit »Digital Literacy« umschrieben, der Begriff ist bis heute nicht einheitlich definiert. Für Entscheider ist er insofern von Bedeutung, als es um die Professionalisierung geht, Daten und Informationen zu beschaffen, diese im betrieblichen Umfeld zu kommunizieren und Kollaborationen in hybriden Teams anzustoßen.[48] Malczok und Kirchhoff fassen auf Grundlage einer aktuellen Metastudie die Fähigkeiten für Entscheider anwendungsfreundlicher zusammen, die wir sogleich weiterentwickeln.[49] Sie lauten:

- Sich Kenntnisse über aktuelle technische Entwicklungen selbstorganisiert aneignen
- Potenziale digitaler Lösungen in der eigenen Wertschöpfung einschätzen können
- Fähigkeit zur Abstraktion individueller digitaler Nutzererfahrungen auf übergeordnete Systeme

- Fähigkeit, konkrete (digitale) Prozesse mit Mitarbeitern gemeinsam zu erarbeiten.

Was muss ich als Führungskraft jetzt tun?

Es gibt seit Jahren eine Flut von Empfehlungen im Internet, wie man produktiver mit E-Mail & Co. umgeht.[50] Häufig scheitert es an der kritischen Reflexion über die eigene Nutzung dieser Tools. Individuelle Lösungen sind zudem abhängig vom persönlichen Overload-Level und dem Arbeitsaufwand, den eine E-Mail mit sich bringen kann. Während der eine 300 Newsletter-E-Mails am Tag für harmlos hält, geht der andere schon bei 50 E-Mails mit jeweils 15 Minuten Bearbeitung pro Nachricht am Tag unter. Tritt dann noch künstlicher Informationsstress hinzu, beginnt der Arbeitsplatz zu rauchen.

Folgende Grafik zeigt, dass die Grenze zwischen Produktivität und Unproduktivität fließend ist. Gerade Führungskräfte befinden sich auf der Spitze des Berges. Greifen sie dort nicht aktiv ein, geht es bergab (siehe rechte Seite der Grafik). Das ist die Seite, auf der Informationen und Wissen nicht mehr beherrschbar sind.

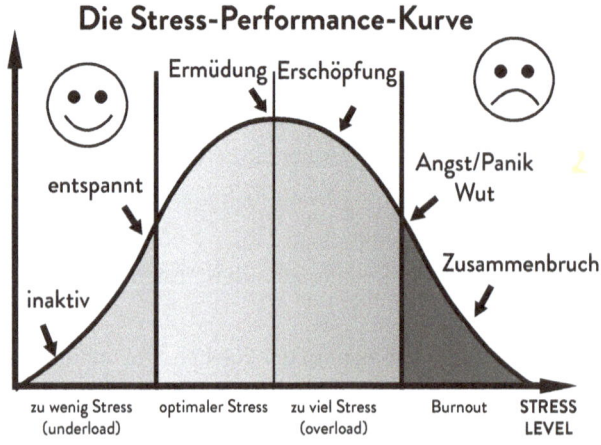

Die Stress-Performance-Kurve

Förderung emotionaler Intelligenz

Emotionale Intelligenz ist nicht angeboren. Sie ist neben der charakterlichen Veranlagung geprägt durch äußere Einflüsse wie Erziehung, Bildung und Umgang innerhalb eines sozialen Umfelds. Das bedeutet, dass sie erlernbar ist – und in jeder Lebensphase gefördert werden kann.

Ausgangspunkt zur Förderung der Emotionalen Intelligenz ist jedoch immer die Bereitschaft, sich konstruktiv mit sich selbst auseinanderzusetzen. Die dazu erforderliche Selbstreflexion gelingt, indem die Hintergründe des eigenen Handelns und der eigenen Verhaltensweisen untersucht werden. Des Weiteren kann die eigene Wirkung auf das Umfeld durch eine objektive Bewertung der Reaktionen Ihrer Mitarbeiter überprüft werden.

Checkliste 1: Vier Strategien gegen Overload für Knowledge-Worker

1. Quantität. Fördern Sie die Fähigkeiten und Kenntnisse im Umgang mit Informationen. Unterstützen Sie Aktivitäten, die das Selbstmanagement von Mitarbeitern verbessern. Das Ziel sollte es sein, dass immer mehr Mitarbeiter in der Lage sind, sich systematisch Prioritäten und Ziele zu setzen und die Informationen diesen exakt zuzuordnen. Es muss insgesamt ein vernünftiges Maß an Zeit für die Informationsarbeit organisiert werden.
2. Qualität. Neben der Quantität muss die Qualität von Informationen im Arbeitsumfeld verbessert werden. Oft ist es nicht die Informationsmenge, die uns zu schaffen macht, sondern die Zeit, die wir benötigen, um mehr oder weniger strategisch in dieser Informationsmenge zu navigieren. Dies kann beispielsweise durch die Einführung von Qualitätsstandards sowie durch bessere Strukturierung und Visualisierung von Information geschehen. Die Nutzung von agilen Arbeits- und Collaboration-Plattformen wie Miro, Mural oder Conceptboard kann produktiv unterstützen.

Nutzen Sie vor Einführung und Nutzung die kostenfreien Webinar-Angebote der Anbieter.
3. Unterbrechungen. Je mehr Unterbrechungen es während der Arbeit gibt, desto geringer sind Aufmerksamkeit und Konzentration. Sie benötigen viel Zeit, um den gedanklichen Faden wieder aufzunehmen. Entwickeln Sie mit ihrem Team Verhaltensnormen für Fokus-Zeitfenster. Schaffen Sie Zeiten und Räume für wichtige Arbeiten ohne Unterbrechung. An Mitarbeiter und Führungskräfte sollte klar kommuniziert werden, welche Informationen wann benötigt werden und welche nicht. Beim Filtern und Organisieren von Informationen können Tools helfen.
4. Transparenz. Entwickeln Sie gemeinsame Nutzerkonzepte – sollten bereits mehrere technische Tools im Einsatz sein. Welches Tool kommt für welchen Use Case zum Einsatz und welches eben nicht? Erstellen Sie eine Matrix mit einem agilen Tool, zum Beispiel mit Miro oder Mural. Damit schaffen Sie nicht nur einen hilfreichen Nutzungsrahmen für Ihre Tool-Landschaft, sondern geben Mitarbeitern auch Struktur und fördern die Nutzer-Experience.

Checkliste 2: Fähigkeiten für Data Literacy

Data Literacy umfasst drei Kompetenzdimensionen, die in allen drei Kompetenzbereichen abgebildet sein müssen. Jeder Kompetenzbereich ist gekennzeichnet durch

- spezifisches Wissen (Dimension »Knowledge«),
- die Fähigkeiten und Fertigkeiten, dieses Wissen anzuwenden (Dimension »Skills«) und
- die Bereitschaft, dies zu tun, d.h. die entsprechende Werthaltung (Dimension »Values«).

Der deutsche Stifterverband hat mit der Data-Literacy-Charta[51] die drei wichtigsten Fähigkeiten herausgearbeitet:

1. Daten nutzen und schützen (Fähigkeit und Motivation, Daten verantwortungsbewusst zu gewinnen, zu analysieren, zu teilen und im Kontext der jeweiligen Aufgabe geeignete Daten und Informationen zu beschaffen)
2. Daten und daraus gewonnene Informationen einordnen (Fähigkeit und Motivation, Daten und Informationen in einen Kontext zu bringen und zu interpretieren sowie lernende Systeme, wie zum Beispiel KI-Anwendungen, kritisch zu hinterfragen)
3. Datengestützt handeln (aufgeschlossene Einstellung zu Daten im Sinne einer Datenkultur; Wissen, dass Daten für evidenzbasiertes Handeln unerlässlich sind; Fähigkeit, mit Daten souverän umzugehen, einschließlich der effektiven Kommunikation datenbasierter Entscheidungen)

Use Case 2: Wie baut man Kernkompetenzen zur richtigen Mediennutzung auf?

Der Schmerz im Organisationsalltag

Der Schmerz von Führungskräften liegt heute nicht mehr in einem fehlenden Bewusstsein der Existenz und der Folgen neuer und digitaler Technologien für das eigene Wirtschaften. Er liegt heute immer noch im mangelnden Fach- und Methodenwissen über neue Technologien.

Die digitale Wirtschaft vom Hardware- bis zum Softwareanbieter unternimmt viel, um Mitarbeitern die Nutzung von Hard- und Software zu vereinfachen. Das iPhone von Apple ist mit Einführung 2007 ein Beispiel für eine hohe Usability und User-Experience. Die Schattenseite ist es, dass wir uns noch weniger mit der Entstehung von neuen Technologien beschäftigen. Damit steigt auch die Abhängigkeit von eben diesen Technologien, da wir sie nicht verstehen und damit auch nicht beeinflussen können. Gute und nachhaltig sinnvolle Entscheidungen benötigen aber eben diese Kenntnisse und damit Unabhängigkeit.

Die Realität in Unternehmen sieht hingegen anders aus. Digital ist unbequem, weil es niemand versteht. Dieses Unbequeme wird outgesourct oder einem Praktikanten übergeben. Die Notwendigkeit, internes Wissen über Digitale Medien aufzubauen, schafft es oft nicht auf die Management-Agenda. Die Entwicklung von (neuen) Kernkompetenzen im Bereich Medienmanagement zum Aufbau von Wettbewerbsvorteilen und Erhöhung von Kundennutzen wird seitens der Geschäftsleitung verhindert.

Virtuelle Kundenveranstaltung!
Mitarbeiter, Partner- und Kundenveranstaltungen werden immer mehr über das Internet gestreamt. Es klingt einfach, doch müssen dafür die technischen und organisatorischen Voraussetzungen geschaffen werden. Gesagt – getan! Angebote von externen Anbietern für die professionelle Übertragung von virtuellen Veranstaltern wurden eingeholt. Die Entscheider staunten anschließend nicht schlecht, als sie die Posten und den Angebotspreis sahen. Posten wie zum Beispiel eine mobile und stabile Internetleitung, mehrere größere Videolichter, Greenscreen-Aufbauten, mehrere professionelle Mikrofone für mehrere Vortragende, hochauflösende Kameras mit Equipment, Videomischpult für die Kameras, Tonmischpult für alle Mikrofone sowie zwei Personen für Übertragung und Überwachung von Bild und Ton während der Durchführung kosten schnell weit mehr als 25 000 Euro. »Aber im Internet ist doch alles umsonst! Warum ist das so teuer?« war die erste Reaktion eines Entscheiders.

Apps auf dem Smartphone kosten meist nichts, professionelle Medien- und Digitalleistungen hingegen schon. Beispiele wie diese kennt jeder, der in der IT oder digitalen Medienwelt zu Hause ist. »So dürfen Vorträge im Internet nur einen Bruchteil dessen kosten, was es kosten würde, wenn dieselbe Person physisch im Konferenzraum eines Hotel denselben Vortrag hält«, verrät uns ein Manager einer großen deutschen Veranstaltungsagentur in einem persönlichen Gespräch. »Digital gleich umsonst gleich professionell ist eine weit verbreitete Haltung.«

Hinzu kommt, dass es gar nicht so leicht ist, aus unternehmerischen Zielen konkrete Handlungsempfehlungen für Mitarbeiter und hybride Teams zu formulieren. Dabei gilt zudem die Regel: Je mehr Technologie eine auszuführende Aufgabe benötigt, umso detaillierter müssen Anforderungen an das zu erwartete Ergebnis formuliert werden.

> Der wirkliche Schmerz von Führungskräften liegt in der mangelnden Umsetzungsfähigkeit und Operationalisierung von Handlungsempfehlungen.

Es ist also noch einiges zu operationalisieren und zu lernen, bis die künstliche Intelligenz uns Menschen und Führungskräften diese unbequemen Aufgaben endgültig abnehmen wird. Doch wir sind zuversichtlich, dass endgültiges und komplettes Outsourcing technischer Lösungen an Roboter etc. möglich sein wird.

Ein Thema, das meist noch immer im Argen liegt, ist die Kommunikation und Abstimmung zwischen den Funktionsbereichen, und das liegt nicht selten an starren Hierarchien und Entscheidungshoheiten in den einzelnen Bereichen. Zum Klassiker gereift ist die mangelnde Kommunikation zwischen kaufmännisch geprägten Führungskräften und technisch geprägten Informatikern. Konstruktive Unternehmensentwicklung wird nicht vorangetrieben, wenn sich die Kommunikation auf das Allernotwendigste beschränkt. Was dann passiert, ist, dass beim Einsatz von neuen Technologien für den Kundennutzen die einen nicht wissen, wovon die anderen reden. So kommt, was kommen muss: Kaufmännisch geprägte Führungskräfte gliedern technische Aufgabenstellungen an interne Technikabteilungen oder externe Digitalagenturen aus. Damit entledigen sie sich der unbequemen Aufgaben und der Anforderungen, sich mit neuen, komplexen Inhalten zu beschäftigen. Es entsteht eine Kultur des Verharrens und Beobachtens von Wettbewerbern (»Erst gucken, was die anderen machen!«).

Hintergrundwissen für Führungskräfte

Der Aufbau von digitalen Kernkompetenzen wird in der Managementpraxis seit den 1990er-Jahren von Porter und Prahalad/Hamel als unternehmerische, strategische und langfristige Aufgabe zum Ausbau von Wettbewerbsvorteilen betrachtet. Führungskräfte gehen täglich mit unzähligen Daten und Informationen auf zahlreichen Medienkanälen um. Ein allgemeines Digitalisierungsverständnis für ein Medienmanagement existiert in den meisten Unternehmen nicht. Für unseren Zweck beziehen wir uns auf das Verständnis der Autoren Niedzwiecka & Pan.[52]

> Ein umfassendes Digitalisierungsverständnis führt zu einem optimalen Einsatz digitaler Medien im Unternehmen, fördert die Einschätzungen über mögliche Hindernisse und förderlichen Faktoren bei der Nutzung. Es unterstützt die persönlichen Einstellungen von Führungskräften gegenüber der Digitalisierung.[53]

In Publikationen wird dies oft als »digitale Kompetenzen« beschrieben. Die bereits in Kapitel 4 erwähnte Meta-Studie von Liebermeister beschreibt diese digitalen Kompetenzen näher. Demzufolge benötigen Führungskräfte z. B. »IT-Kompetenz«, »Digitale Medienkompetenz« und »Datenverständnis«.[54] Im operativen Unternehmensalltag unterbleiben Bemühungen zu deren Entwicklung. So schweben sie im Hintergrund der Zukunftsagenden, ohne jeglichen Plan.

Mit einem allgemeinen Digitalisierungsverständnis im Unternehmen ließen sich wichtige Bausteine der Digitalen Fitness erwirken: »Digitale Haltung entwickeln«, »umfangreiches Verständnis und Wissen über die Digitalisierung gewinnen« oder »reflektierendes und ethisches Handeln praktizieren«.

Was Sie über digitale Medien wirklich wissen müssen

Die Beschäftigung mit digitalen Medien und deren betriebswirtschaftlichen Einsatzfeldern findet auf vier Ebenen statt. Dabei geht es um die Phasen:

1. digitale Medien erfassen,
2. digitale Medien konzipieren,
3. digitale Medien entwickeln und
4. digitale Medien kritisch reflektieren.

Für ein proaktives Medienmanagement sollte die Führungskraft die notwendigen Grundlagen und Tätigkeiten beherrschen, damit sie fördernde Rahmenbedingungen schaffen und digitale Projekte fachkundig unterstützen kann.

Folgende Schlüsselkompetenzen fördern die Kernkompetenz Medienmanagement und digitale Medien in Unternehmen:

- Grundlagen in der Gestaltung von digitalen Medien: Produktion von Kundenvideos, Produktion von Kunden-Podcasts, Technologien für nutzwertige Kundeninteraktionen
- Grundlagen der digitalen Kommunikation: Initiative und Gestaltung zwischenmenschlicher Kommunikation in sozialen Netzwerken, Gestaltung robotergesteuerter Kommunikationsformen, wertschätzender Umgang mit Meinungsdiversität

- Entwicklung von **digitalen** Marken: Bestandteile einer Marke festlegen, Finden und Formulieren einer Unternehmensidentität, Visualisierungstechniken für Markenkommunikation
- Digitale Medienprojekte managen: Digitale agile Arbeitstechnologien kennen und anwenden, Methoden des agilen Projektmanagements beherrschen, Gestaltung von Design-Thinking-Projekten

Was muss ich als Führungskraft jetzt tun?

Arbeit bereitet mehr Freude und Zufriedenheit, wenn aus einer intrinsischen Motivation Neues gelernt und Experimente[55] ausgeübt werden dürfen. Das wissen einige Führungskräfte nach Erkenntnissen der Arbeits- und Organisationspsychologie. Die Verantwortung dafür darf nicht weiter auf die Personalabteilung und die Personalentwicklung geschoben werden.

> Es ist die Aufgabe jeder Führungskraft, sich selbst zu entwickeln und diese wichtige Kompetenz durch Selbstreflexion auszubauen.

Was kann also Führungskräften helfen, eine individuelle Kernkompetenz zum Medienmanagement zu initiieren und aufzubauen, um in ihrem Umfeld eine Kultur des Lernens und Experimentierens zu schaffen? Schauen wir doch auf das, was junge Menschen heute lernen, damit sie die Anforderungen der Wirtschaft bewältigen können. Schauen wir in die Schul- und Hochschulausbildung und auf die Inhalte, welche Studierende heute in Bachelorstudiengängen zum Medienmanagement und den digitalen Medien erlernen müssen:

Auf der Basis eines breiten Fachwissens über neue Technologien entwickeln sie die Schlüsselkompetenzen, mit denen sie den Einsatz von digitalen Medien im Unternehmen abteilungsübergreifend, team- und erfolgsorientiert selbstständig überprüfen, vorbereiten und realisieren können.

Checkliste 1: Schlüsselkompetenzen entwickeln in vier Phasen

- **Phase 1: Medienprodukte erfassen**

Darunter wird die Erfassung des multimodalen Charakters eines digitalen Mediums verstanden. Multimodalität beschreibt die unterschiedlichen Kommunikationsmethoden in Form von textlichen, auditiven, sprachlichen, räumlichen und visuellen Ressourcen sowie die Regeln, die zum Erstellen von Nachrichten genutzt werden. In der Praxis geht es nicht um die zeitgleiche Anwendung aller Kanäle, sondern um Kenntnisse und Fähigkeiten, für einen Prozess die relevante Kommunikationsmethode auswählen und gezielt einsetzen zu können.

- **Phase 2: Medienprodukte konzipieren und entwickeln**

Natürlich muss eine Führungskraft Medienprodukte nicht bis ins kleinste Detail konzipieren können. Dennoch sollten die konzeptionellen Grundlagen zur Gestaltung von digitalen Medien und Technologien bekannt sein und an einigen Projekten eingeübt werden. Hier geht es um das Design von crossmedialen (analogen und digitalen) Medien (Prospekte, Zeitschriften, Videos, Online-Games, zum Beispiel für das Marketing). Darüber hinaus sind auch Grundlagen der Medien-Informatik notwendig. Darunter verstehen wir Grundkenntnisse in der Programmierung von Apps und Webseiten. Und auch hier gilt: die Führungskraft muss kein Programmierer und Softwareentwickler werden. Zur Entscheidungsfindung und für die Entwicklungsergebnisse sind für ihn nur die wichtigsten technischen Grundlagen relevant.

- **Phase 3: Medieneinsatzfelder finden und planen**
In dieser Phase werden wertschöpfende Einsatzfelder identifiziert. Dazu sind Kenntnisse zu den Potenzialen und Einsatzmöglichkeiten neuer Technologien notwendig. Daher sollten im täglichen Informations- und Nachrichtenmix auch Kanäle über neue und digitale Technologien abonniert werden. TechCrunch, t3n, netzpolitik.org sind unsere Empfehlungen für den Einstieg. Dennoch raten wir zur Vorsicht: Innovative Ideen, gerade die neuesten, klingen euphorisch. Sie sind aber oft nicht ausgereift und bedürfen einer kritischen Prüfung für das individuelle Einsatzgebiet.

- **Phase 4: Digitale Medienprojekte managen lernen**
Damit digitale Medienprojekte in der Praxis tatsächlich erfolgreich umgesetzt werden, bedarf es komplexer Fähigkeiten. Dazu gehören Kenntnisse über den Einsatz agiler Projektmanagement-Tools und digitaler Kollaborations-Tools. Für den nachhaltigen Einsatz und die höchste Produktivität sind diese an die eigenen betrieblichen Abläufe anzupassen. Deshalb ist von Anfang an auf die frühzeitige Verknüpfung digitaler Technologien mit den Business-Prozessen zu achten. Dazu finden Sie einige Checklisten in Kapitel 4 »Kommunikation und Tools« im Use Case 1.

Checkliste 2: Selbststudium digitaler Medien

- Beschäftigen Sie sich mit ersten sehr einfachen digitalen Medienproduktionen: Fotobearbeitung, verschiedene Bildformate und deren Einsatzgebiete.
- Installieren Sie auf einem privaten Server eine eigene Wordpress-Installation. Vielleicht möchten Sie diese gar mit Ihren Fotos füllen und mit Ihren Kollegen oder Freunden teilen.
- Auf Dienstreisen und Fahrten zur Arbeitsstelle – hören Sie doch einmal Podcasts. In den Podcast-Channels von Apple, Spotify oder Amazon können Sie gezielt nach einem Thema suchen, sich informieren und lernen.[56]

- Das selbstgesteuerte Lernen mit digitalen Medien können Sie auch mit Videoprodukten fördern. Wir empfehlen die kostenpflichtigen Video-Learnings von LinkedIn.[57] Sie sind kuratiert, gut strukturiert und mit Transkriptionen gut nachzuvollziehen.

Checkliste 3: Experimentieren Sie mal mit digitalen Medien

Versuchen Sie sich doch einmal in der experimentellen Nutzung neuester Technologien und der Gestaltung eines digitalen Systems:

- Erstellen Sie einen Blog-Artikel über Ihr Lieblingsthema. Reichern Sie diesen mit selbst gemachten Fotos an.
- Zeichnen Sie ein 3-Minuten-Video mit dem Smartphone auf. Keine Themenidee? Wie wäre es damit: Wie ich die Zukunft der Arbeit sehe.
- Gestalten Sie einen eigenen Flyer für Ihr nächstes Team-Event mit dem kostenfreien Tool Canva (www.canva.com). Gestaltung war noch nie so einfach und produktiv.
- Veröffentlichen Sie Ihr Video, Ihr Foto oder Ihren Flyer im Unternehmen auf einer Intranetseite oder kostenfrei auf YouTube, Vimeo, Instagram oder LinkedIn. Sie können damit Ihre Kommunikations-Skills stärken und wichtige Kontakte für Ihre berufliche Zukunft knüpfen.
- Suchen Sie ein passendes Whiteboard-Template in Mural oder Miro für den nächsten Workshop.

KAPITEL 6

MIT DIGITAL TRUST UND VIRTUAL SOCIALIZING TEAMVERBUNDENHEIT SCHAFFEN

- Warum Vertrauen die Basis für erfolgreiche virtuelle Zusammenarbeit ist
- Wie Sie mit Ihren Mitarbeitern trotz Entfernung in Kontakt bleiben
- Wie Sie im Team Verbundenheit zum Unternehmen schaffen
- Welche Methoden Sie für die virtuelle Teamentwicklung nutzen können
- Wie Sie aus der Distanz darüber auf dem Laufenden bleiben, was Ihre Mitarbeiter denken

Das Why: Warum Vertrauen und Teamzusammenhalt zur Existenzsicherung beitragen

Die Entwicklung und Pflege von Vertrauen im digitalen Arbeitsumfeld ist eine weitere und wichtige Säule für die Digitale Fitness. Wir nennen es »Digital Trust«. Damit rücken wir die Vertrauensarbeit in virtuellen und hybriden Arbeitsumgebungen in den Vordergrund. Warum? Vertrauen in der Arbeit war schon immer wichtig, aber heute ist es wichtiger denn je. Die zunehmende Zusammenarbeit an räumlich verteilten Orten, die Organisation von hybriden Arbeitsumgebungen und der Anspruch einer agilen Arbeitsweise setzen ein hohes Maß an Vertrauen voraus.

In Krisen, wie wir sie mit der Corona-Pandemie hatten, rücken die bewährten menschlichen Werte wie Vertrauen, Disziplin, Achtsamkeit und Bewusstsein für Mitarbeiterpotenziale plötzlich in den Vordergrund. Sie werden in Krisen- und Sturmzeiten zu Treibern, um Teams für ihre Aufgaben zu begeistern und das Potenzial von Mitarbeitern zur Bewältigung der Krise zu nutzen.

Nachhaltig wirkt diese Strategie nicht. Nach der Krise und in der Dynamik des fortlaufenden Geschäftes werden sie allzu gern wieder vergessen. Das Empowerment schwindet, sobald das Schiff wieder in ruhigerem Fahrwasser fährt. Chief Human Resources Officer Leena Nair von Unilever blickt in einem McKinsey-Interview zurück auf die Erfahrungen aus der Führung von 150 000 Mitarbeitern während der Pandemiezeit:

> »Eine meiner großen Erkenntnisse in dieser (Pandemie-)Zeit war es, dass wir alle im selben Sturm sind, aber wir sitzen nicht im selben Boot.«

Erfolgreiche Krisenbewältigung schweißt Mitarbeiter offenbar nicht langfristig zusammen. Sie bringt aber etwas zum Vorschein, was für die Wettbewerbs- und Innovationskraft von Unternehmen von besonderer Bedeutung ist: Führungspräsenz zeigen, Empathie zeigen, sich mit Kollegen verbinden und einen starken Teamspirit aufbauen. Vertrauen ist der Schmierstoff für Existenzsicherung und eine erfolgreiche Zusammenarbeit im Team des Unternehmens. Im digitalen und hybriden Arbeitsumfeld und der damit zunehmenden Dynamik gewinnen Vertrauen und Teamzusammenhalt noch mehr an Bedeutung, um das verteilte Team auf Linie zu halten.

Betrachten wir die Themen Teamentwicklung und Vertrauen, verbindet nur jedes zweite Unternehmen diese Anforderungen mit ihren Digitalisierungsbemühungen. Die Steigerung der Mitarbeiterzufriedenheit, eine Veränderung der Arbeitskultur und neue Formen der Zusammenarbeit hat nur jedes zweite Unternehmen auf der digitalen Agenda (siehe Abbildung).[58]

Die Teamentwicklung und die damit verbundenen vertrauensbildenden Maßnahmen sowie deren Konsequenzen scheinen lediglich Nebenaufgaben von Digitalisierungsprojekten zu sein. Man wendet sich ihnen erst zu, wenn etwas nicht funktioniert oder wenn es kriselt.

„Welche Ziele verfolgen Sie mit der Digitalisierung Ihres Betriebes?"

Ziel	%
Verbesserung der strategischen Wettbewerbsposition	100%
Verbesserte Erfüllung von Kundenwünschen	100%
Neugestaltung von Arbeitsprozessen	77%
Höhere Flexibilität	77%
Anpassung an moderne Arbeitswelt	77%
Umgestaltung/Neudefinition des Geschäftsmodells	69%
Stärkere Kundenbindung	69%
Einsparung von Kosten	62%
Veränderung der Arbeitskultur	54%
Steigerung der Mitarbeiterzufriedenheit	54%
Ermöglichung neuer Formen der Zusammenarbeit/Arbeitsformen	54%
Verbesserte Verfügbarkeit für Kunden	46%

Welche Ziele verfolgen Sie mit der Digitalisierung Ihres Betriebes?"

Mitarbeiter berichten uns aus ihren Homeoffices: »Ich bin festgefahren, weil ich nicht weiß, wie ich mit meinem Chef über die weniger formellen Dinge in Verbindung treten kann – so wie ich es früher getan habe.« Das ist kein Einzelfall. Die Distanzierung zwischen Chef und Mitarbeiter führt zu Frust und Unproduktivität.

Es geht aber nicht nur um das Vertrauens- oder Misstrauensverhältnis zwischen Mitarbeiter und Führungskraft, sondern auch um die ambivalente Haltung gegenüber digitalen Arbeitsformen. Fragt man in der deutschen Bevölkerung, ob der Teamzusammenhalt im Unternehmen durch digitale Interaktionen (zum Beispiel E-Mail und Chats) eher steigen oder sinken wird, könnte die Ambivalenz nicht größer sein. Eine repräsentative Umfrage des Meinungsforschungsinstituts Civey im Auftrag des Bundesministeriums für Bildung und Forschung (BMBF) ergab, dass jeder Zweite glaubt (42,4 %), dass der Teamzusammenhalt durch vermehrte virtuelle Teamarbeit sinken wird. Nur eine kleine Minderheit von 4,2 Prozent der Befragten sind sich sicher, dass der Teamzusammenhalt steigen wird.[59]

> Die Vertrauensarbeit wird zur zentralen Aufgabe für die Führungskraft.

Gelingen der Aufbau und die Aufrechterhaltung von Vertrauen, wird dieses auch mit höherer Motivation und Engagement vom Team zurückgezahlt (Use Case 1). Das wird durch die regelmäßig durchgeführte und renommierte Gallup-Studie 2019 belegt, die sich unter anderem mit der Mitarbeitermotivation durch emotionale Bindung beschäftigt.

Aus der aktuellen Managementliteratur haben wir die Anforderungen identifiziert, die aktuell den größten Einfluss auf die Vertrauensarbeit für Führungskräfte haben:

- Schaffen von Teamspirit für mehr Selbstorganisation
- Abbau sozialer Distanz, Vertrauen schaffen über Distanz
- Förderung der Befriedigung sozialer Bedürfnisse
- Mitarbeiter motivieren und begleiten in neue Arbeitsformen
- Aufrechterhalten von Mitarbeiterbindung
- Konflikte identifizieren, vermeiden und Lösungen herbeiführen

»Digital Trust« in hybriden und Remote-Teams bringt auch die Aufgabe mit sich, einen Umgang mit Vertrauensdefiziten in Teams zu finden. Dies trägt dazu bei, Eskalationen von Konflikten – und Konflikte generell – zu vermeiden. Es ist für die Führungskraft erfolgsbestimmend, sich bereits **präventiv mit der Entstehung von Vertrauensdefiziten zu beschäftigen**. Sie müssen den Mitarbeitern vertrauen, dass diese die Arbeit von überall aus genauso gut erledigen wie im »kontrollierbaren« Büro-Setting.

Für Führungskräfte stellen sich folgende Fragen:

- Gibt es einen Ablauf für den Aufbau von Vertrauen in virtuellen/hybriden Teams?
- Wie kann man seine Mitarbeiter motivieren, wenn man diese nicht sieht?
- Wie kann ich herausfinden, wie es meinem Team geht?
- Wie können Führungskräfte eine (neue) Kultur des Vertrauens kontinuierlich an Mitarbeiter auf Distanz vermitteln?
- Wie gehe ich mit Eskalationen in virtuellen und hybriden Teams um?

Das Why beschreibt die Bedeutung und Wichtigkeit von Vertrauensarbeit und Socializing in virtuellen Teams. Im Folgenden gehen wir in den zwei Use Cases auf die Suche nach den Antworten.

Das How:
Herausforderungen und wie man diese löst

Use Case 1: Wie baut man Vertrauen in verteilten Teams auf?

Der Schmerz Organisationsalltag: Angst vor Kontrollverlust

Die Veränderungen der Arbeitswelt manifestieren sich vor allem und besonders prägnant in der Haltung und Performance von Mitarbeitern in virtuellen Teams. Die Arbeit in Teams verdichtet sich zunehmend. Die Planungshorizonte werden immer kürzer. Die Komplexität steigt unaufhörlich und die Verunsicherung über den richtigen Weg wächst schneller, als die Führungskraft ihn durchdenken und entsprechende Kompetenzen aufbauen kann.

> **Management by digital walking around**
> Mitarbeiter sollen ab sofort ihre Arbeitszeit drei Tage im Büro und zwei Tage die Woche z. B. im Homeoffice verbringen. Sie sind sich bewusst, dass sich das Kontrollverhalten ändern wird. Zudem müssen Arbeitsabläufe und Teamstruktur neu organisiert werden. Das Ziel: Aufbau eines hybriden Teams. Die Mitarbeiter möchten auf den menschlichen Austausch nicht verzichten. Zugleich heißt im Homeoffice die Devise »Selbstorganisation«. Ihr Unternehmen erwartet, dass die Büroarbeit beides erfüllt. Das Vorhaben braucht eine stabile Vertrauenskultur im Unternehmen. Und dazu muss diese weiterentwickelt werden. Ihnen schwirrt dabei der Satz »Management by walking around« im Kopf herum. Das Herumwandern von Arbeitsplatz zu Arbeitsplatz funktioniert im Büro gut, aber nicht in der digitalen Arbeitsumgebung, oder?

> Im Büro habe ich immer schnell Konflikte erkannt, aber wie mache ich das auf Distanz?

Für Teams werden Selbstorganisation, Selbstführung und das Selbstmanagement zu den neuen Arbeitsprinzipien (siehe Kapitel 2, Leadership). Sie werden in Zukunft stetig an Bedeutung gewinnen. Die Arbeit wird selbstständiger. Sie bringt einerseits wachsende Unsicherheit und andererseits mehr Freiraum zur Persönlichkeitsentwicklung und Selbstverwirklichung mit sich.

Dass derartige Forderungen nicht immer auf Akzeptanz stoßen, zeigte ich (Gerald Lembke) während einer Veranstaltung mit Führungskräften zur Zukunft der Arbeit (»New Work«). Ich war als Moderator dieser Veranstaltung engagiert. Es entwickelte sich eine Diskussion über das grundsätzliche Ziel von Unternehmen. Eine Gruppe von Führungskräften war davon überzeugt, dass das Ziel der Unternehmung Profit und Überleben sei. »Profit geht über alles, und dafür werden ordentlich die Ellenbogen ausgefahren«, rief ein Entscheider engagiert in die Runde.

Eine zweite Gruppe übernahm die Opposition. Führungskräfte aus dieser Gruppe sprachen davon, dass Unternehmen für Kunden und Mitarbeiter da seien. Sie hätten eine wichtige Rolle als Teil des Gesellschaftssystems. Die Argumentation aus dieser Gruppe stieß immer wieder auf das Problem, dass die meisten Mitarbeiter – oftmals inklusive des Geschäftsführers – dieses Leitbild nicht kennen, geschweige denn an ein anderes Ziel als Profit glauben (siehe Kapitel 2 Leadership).

> Führungskräfte sind dem Erfolg oder Misserfolg ihres Teams unterworfen.

Warum fällt Führungskräften die aktive Gestaltung von vertrauensvollen Arbeitsumfeldern so schwer? Der Schmerz vieler Führungskräfte liegt im Kontrollverlust. Hinzu kommen die Ängste einer sich radikal verändernden Führungsrolle und das Aneignen sowie Leben neuer Führungsprinzipien. Alte und lange antrainierte Führungsmuster sind oft die falschen Werkzeuge. Stattdessen wird Vertrauen zum Führungsparadigma in der Zukunft der Arbeit.

Dazu braucht es Antworten auf diese Fragen:

- Wie initiiere und gestalte ich ein Klima des Vertrauens, wenn ich meine Mitarbeiter kaum noch sehe?
- Welche Werte benötige ich im Unternehmen und Team, um Vertrauen aufzubauen?

Hintergrundwissen für Führungskräfte

Der Organisationstheoretiker und -berater Frederic Laloux zeigt in seinem Buch »Reinventing Organizations« Beispiele von Unternehmen aus unterschiedlichen Ländern und Branchen mit alternativen Arbeitsorganisationen auf.[60] Laloux arbeitete als eines der wesentlichen Erfolgsmerkmale die Demokratisierung und Aufteilung von Entscheidungskompetenz und -macht auf alle heraus. In Unternehmen, die mutig und visionär die Macht im Unternehmen dezentralisieren und in denen Mitarbeiter einen hohen Grad an Selbstorganisation praktizieren, sind erfolgreicher als ihre Wettbewerber.

Koautor Florian E. Klonek vom »Centre for Transformative Work Design« der australischen Curtin University bestätigt, dass für die Selbstorganisation »... Feedback, soziale Unterstützung und Arbeitsautonomie besonders hilfreich sind«.[61] Der Studie lässt sich darüber hinaus entnehmen, dass virtuelle Teams besonders effizient arbeiten, wenn sie mit Feedback und dem Vertrauen zur Selbstorganisation unterstützt werden.

Der Personalberater Frank Döring und die heutige Personalreferentin Laura Meser haben in ihrem Beitrag »Warum drei von vier virtuellen Teams scheitern« herausgearbeitet, welche grundsätzlichen Faktoren der Vertrauensbildung in virtuellen und hybriden Teams notwendig sind.

Wesentliche Faktoren für die Förderung der Vertrauensbildung

Wesentliche Faktoren für die Förderung der Vertrauensbildung

Die Abbildung oben zeigt, dass die Befragten das persönliche Kennenlernen als wichtigste Voraussetzung für eine vertrauensvolle virtuelle Zusammenarbeit angeben. Commitment, Transparenz, Offenheit und Menschlichkeit im gegenseitigen Miteinander werden gleichermaßen als wichtige Voraussetzungen für die Vertrauensbildung hervorgehoben.

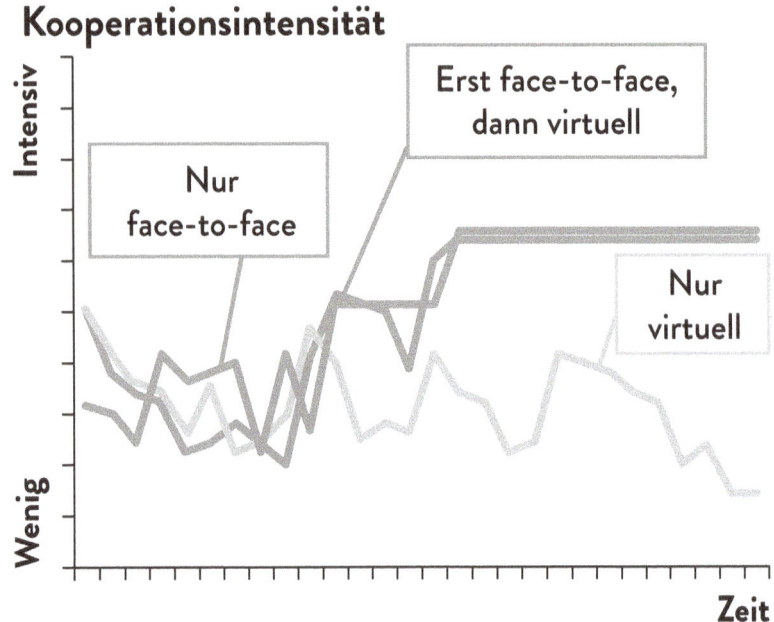

Testgruppen im Planspiel

Der bekannte Soziologe und Gesellschaftstheoretiker Niklas Luhmann hat einmal gesagt, dass sich durch Vertrauen die Komplexität des Arbeitsalltags reduzieren lässt.[62] Die Kooperationsinteraktivität und damit die Produktivität steigt, wenn zunächst ein persönliches Kennenlernen stattfindet (zum Beispiel für einen Projektstart) und anschließend virtuell weitergearbeitet wird. Das Fundament für Vertrauen wird dabei beim Projektstart gelegt (siehe Abbildung oben). Wissenschaftliche Untersuchungen zeigen, dass Arbeitsgruppen, die sich zu Beginn einer Zusammenarbeit persönlich treffen, ein nahezu ebenso stabiles Vertrauen entwickeln wie Teams, die auf traditionelle Weise im Büro zusammenarbeiten. Doch wie lässt sich dies gestalten, wenn kein persönliches Treffen möglich ist? Was müssen Führungskräfte beachten?

Die folgende Tabelle zeigt konkrete Beispiele, wie sich individuelles Verhalten auf die Vertrauensbildung auswirkt.

Was Vertrauen wachsen lässt und was es zerstört

Baut Vertrauen auf	Zerstört Vertrauen
Mit Integrität und Loyalität handeln: Verlässlichkeit, Interessen aller Beteiligten berücksichtigen (»Walk the talk«)	Inkonsistenz zwischen Worten und Taten
Offen und ehrlich kommunizieren	Gezielt Informationen zurückhalten und Unterstützung oder Ressourcen verweigern
Gemeinsame Ziele mit dem Team verfolgen	Eigene Ziele vor die des Teams stellen
Mitarbeiter mit Respekt und als gleichberechtigte Partner behandeln	»Command and Control«-Verhalten an den Tag legen
Sich um das Wohlergehen der Mitarbeiter kümmern	Mitarbeiter ständig mit Aufgaben überlasten und überfordern
»Management by walking around« in die digitale Arbeitsumgebung adaptieren, um Kontakt mit Mitarbeitern zu halten und sich informell auszutauschen	Kommunikation nur auf Arbeitsinhalte und formelle Themen beschränken
Selbstorganisiertes Handeln der Mitarbeiter fördern	Ständige Berichterstattung einfordern (z. B. Mitarbeiter muss in E-Mails Chef in cc setzen)
Konflikte werden zeitnah, positiv und konstruktiv mit den Mitarbeitern gelöst.	Konflikte werden still hingenommen, da man Angst hat, diese anzugehen, oder nicht weiß, wie man sie lösen soll.
Mitarbeiter können Unterstützung anfordern und Bedenken offen ansprechen.	Mitarbeiter haben Angst, bei der Führungskraft über Missstände und Fehler zu sprechen.
Gute Arbeit wird anerkannt und gelobt. Es wird auch im Arbeitsalltag Wertschätzung und Dankbarkeit gezeigt.	Es findet weder Lob noch Anerkennung statt.

Anhand von zwei theoretischen Modellen untersuchten Dirks und Ferrin die Auswirkungen von Vertrauen auf Einstellungen, Erwartungen, Verhalten und Handeln sowie Arbeitsleistung in Organisationen.[63] Das erste Modell geht davon aus, dass Vertrauen einen direkten Einfluss auf Organisationskultur, Kommunikationsstil, Führungsstil, Umgang mit Konflikten und teamorientiertes Arbeitsverhalten sowie letztlich die Organisationsleistung hat. Das Modell des direkten Einflusses geht also davon aus, dass Vertrauen erst durch ausstehende Erfahrungen entsteht. Das zweite Modell geht von einem indirekten Einfluss von Vertrauen auf verschiedene leistungsrelevante Aspekte ein. So geht dieses Modell davon aus, dass offeriertes Vertrauen als »Vertrauensvorschuss« eingeräumt wird. Dies ermöglicht bzw. erleichtert die Kooperation innerhalb von Organisationen.

Was muss ich als Führungskraft jetzt tun?

Wie können Führungskräfte diese Kultur des Vertrauens kontinuierlich an Mitarbeiter in virtuellen und hybriden Arbeitsumgebungen vermitteln und Vertrauen systematisch aufbauen?

Eine Führungskraft stellte mir einmal die Frage, ob man Vertrauen tatsächlich organisieren kann. Die Frage ist berechtigt. Wir machen als Menschen immerhin die Erfahrung, dass Vertrauen das Ergebnis eines zwischenmenschlichen Prozesses ist. Und es kann bei einander unbekannten Mitarbeitern tatsächlich Wochen bis Monate dauern, bis man einander das Vertrauen ausspricht.

Die eigene persönliche Haltung zu den Mitarbeitern und das Menschenbild prägen den Führungsstil. Eigene Gewohnheiten sind auf den Prüfstand zu stellen. Im Grunde braucht es hier ein »Mehr« von allem: Menschlichkeit, Erreichbarkeit, Entscheidungen, Feedback, Kommunikation.

> Vertrauen und Verbundenheit zum Team braucht ein »Management by walking around« auch im digitalen Umfeld.

Doch Werte entwickeln sich nicht von allein. Führungskräfte müssen mit gutem Beispiel vorangehen, Strukturen vorgeben, um diese Werte zu erreichen und zu leben. Wenn Sie Ihr Team hybrid oder remote organisieren werden, bedarf es in Bezug auf die Vertrauensbildung eines strukturierten Vorgehens. Dazu können Sie das Workshop-Design nutzen, das weiter unten beschrieben ist. Je nachdem, wie gut Sie mit Ihren Teammitgliedern bereits bekannt sind, entfallen Analyse und Bestandsaufnahme (Schritt 1).

Damit erkennen und brechen Sie den Teufelskreis alten Führungsverhaltens. Bewusst stoßen Sie damit vertrauensbildende Maßnahmen an und halten über die technischen Zielvorgaben hinaus besonders sensibel einen »persönlichen Draht« zu den Mitarbeitern.

> Schlüssel zum Erfolg sind ehrliche und offene Beziehungen zwischen Führungskraft und Mitarbeiter. Lerne deine Mitarbeiter kennen.

Tool 8:
Workshop-Design für Vertrauensaufbau in hybriden und virtuellen Teams

<u>Analyse und Bestandsaufnahme</u>
Schreiben Sie Aktivitäten und Verhaltensweisen auf, die Vertrauen und Motivation stärken oder zerstören. Wie stark oder schwach sind diese im Team ausgeprägt?

<u>Handlungsfelder, Methoden und Führungsinstrumente auswählen</u>
- Methoden und Vorgehensweisen, die informelle Kommunikation aufrechterhalten und Beziehungen untereinander aufbauen (Führungskraft zum Team »Management by walking around«, Mitarbeiter untereinander)
- Methoden für Teambuilding auf Distanz
- Methoden für Feedback und Wertschätzung (z. B. Einsatz von Kudo Cards und Kudo Walls, um im Arbeitsalltag zu loben, Feedback-Kultur)
- Delegieren und Verantwortung übertragen: Bestandsaufnahme, welches Delegationslevel in wichtigen Entscheidungsbereichen vorliegt, und wie und in welchen Bereichen den Mitarbeitern mehr Verantwortung übertragen werden kann (spielerischer Ansatz mit Delegationspoker, Team-Kompetenz-Matrix aufstellen)
- Konflikte frühzeitig erkennen, vermeiden und bestehende Konflikte lösen: Fokusgespräche für Konfliktlösung erarbeiten
- Sammeln Sie Ideen und Antworten für die verschiedenen Handlungsfelder, zum Beispiel auf einem virtuellen Board (Tools: Miro, Mural, Conceptboard, o. ä.).

Gaps und Lösungen in Gruppenarbeiten

- Welche Veränderungen sehen Sie, und welche werden Sie vornehmen?
- Was finden Sie am hilfreichsten/nützlichsten, womit haben Sie Schwierigkeiten?
- Welche Schritte sind jetzt am wichtigsten?
- Was kann ich sofort tun, um diese Konzepte in meinem Team umzusetzen? Was sind für mich die nächsten Schritte?
- Wo sind Herausforderungen oder Hindernisse?

Ideen und Hindernisse diskutieren und auflösen, Lösungen für die verschiedenen Handlungsfelder identifizieren

Nächste Schritte zur Umsetzung identifizieren
Legen Sie fest und priorisieren Sie mit einer Wichtigkeits-/Dringlichkeits-Matrix, was Sie als Nächstes umsetzen wollen. Beantworten Sie die Fragen der Mitarbeiter, wie Sie neue Routinen und Methoden implementieren.

Checkliste 1: Zuverlässigkeit und Sympathie sind die Basis für Vertrauen

Erhöhen sie den Grad der Zuverlässigkeit
Zuverlässigkeit untereinander in der Aufgabenausführung und Verlässlichkeit der Kommunikationsmuster sind maßgeblich, um Vertrauen aufzubauen: »Man kann sich auf den anderen verlassen« oder »Walk the talk«.

- Stellen sie sicher, dass die Mitarbeiter die Fähigkeit haben, eine Aufgabe gemäß den zu erwartenden Zielen zu erfüllen: Kann die Person die Aufgabe auf zuverlässige Weise erledigen?
- Fragen Sie das Teammitglied: Fühlen Sie sich wohl bei dieser Aufgabe? Oder haben Sie irgendwelche Bedenken bezüglich dieses Projekts?

- Seien Sie als Führungskraft zuverlässig in Ihren Aussagen, Ihren Zusagen und in Ihrer Kommunikation.

Erhöhen Sie den Grad der Sympathie
Sympathie ist die Bildung emotionaler Bindungen zwischen den Mitgliedern eines Teams: Mag ich die Person genug, um darauf zu vertrauen, dass sie den Job gut machen wird?

- Lernen Sie sich gegenseitig kennen.
- Fördern Sie soziale Interaktionen, informelle Kommunikation, machen Sie Check-Ins.
- Nehmen Sie sich bei jedem Meeting ein paar Minuten Zeit für informelle Kommunikation.
- Teilen Sie Inhalte, die Ihren Teammitgliedern gefallen könnten.
- Sagen Sie oft »danke«, zeigen Sie Wertschätzung.
- Überkommunizieren Sie: Je mehr Sie mit jemandem agieren, desto mehr Sympathie werden Sie aufbauen.

Checkliste 2: Führen Sie regelmäßig bei Ihren Mitarbeitern ein »Management by walking around« durch

- Planen Sie regelmäßige – mindestens einmal pro Woche – Eins-zu-eins-Check-ins mit Mitarbeitern ein.
- Entwickeln Sie Routinen und blocken Sie sich diese Zeit im Kalender.
- Bereiten Sie konkrete Fragen vor.

Stellen Sie klar, dass die Check-ins keine Kontrolle, sondern eine Möglichkeit sind, offen ins Gespräch zu kommen und die Mitarbeiter zu unterstützen.

Use Case 2: Wie setzt man Virtual Socializing um und vermeidet Konflikte?

Der Schmerz im Organisationsalltag – Entfremdung von den Mitarbeitern

Je mehr die Arbeit hybrid oder virtuell gestaltet wird, desto mehr distanzieren und entfremden sich Führungskräfte und Mitarbeiter voneinander. Der informelle Austausch findet dann nicht mehr gesteuert im Büro statt, sondern in virtuellen Räumen mithilfe von digitalen Kommunikationskanälen. Die Verbundenheit von Führungskräften zum Team, im Team untereinander und von Mitarbeitern zum Unternehmen geht damit schnell verloren. Dies mindert nicht nur die Produktivität, das Engagement und die Motivation, sondern die Unternehmen werden für die Mitarbeiter auch austauschbar. Es wird für sie unerheblich, ob sie für Unternehmen A oder B arbeiten (siehe auch Kapitel 3, »High-Purpose-Teams«).

Team ohne Wir!
Dieser Tag heute hat Ihnen zuvor schlaflose Nächte bereitet. Heute werden die Ergebnisse einer anonymen Mitarbeiterbefragung in Ihrem Team präsentiert. Sie befürchten nichts Schlimmes. Sie haben sich immer mit vollem Engagement für Ihr Team eingesetzt, haben Probleme jedes Einzelnen aufgegriffen und sofort aus dem Weg geräumt. Die Anstrengungen erschöpfen Sie seit Monaten. Endlich werden die Ergebnisse präsentiert. Sie sitzen entspannt auf Ihrem Stuhl und erwarten lächelnd die Ergebnispräsentation des Beraters. Schnell fallen Ihnen die Mundwinkel nach unten. Die Mitarbeiter haben Sie in der Befragung in der Luft zerrissen: Das Team fühlt sich ständig überfordert, es gibt kein Wir-Gefühl, sie fühlen sich vom Unternehmen und von Ihnen als Führungskraft abgehängt. Die Motivation und das Engagement

sind im Keller. Sie sinken im Stuhl zusammen und fragen sich: »Warum ist das passiert? Wie kann ich das ändern?«

Im digitalen Arbeitsumfeld empfinden viele Führungskräfte, dass sie abgehängt sind: Sie sind oft nicht in die informellen Austauschprozesse eingebunden, und es wird mit ihnen nicht auf Augenhöhe kommuniziert. Führungskräfte, die von ihren Mitarbeitern in die Kultur und Prozesse des informellen Austausches einbezogen werden, dürfen sich über das Vertrauensverhältnis freuen. In diesen Fällen findet eine Kommunikation und ein Informationsaustausch auf Augenhöhe statt. So können Führungskräfte schnell auf Bedürfnisse von Mitarbeitern reagieren und damit die Zielerreichung der Arbeit beschleunigen. Darüber hinaus besteht dadurch die Chance, potenzielle Konfliktherde frühzeitig zu erkennen und sie zu bearbeiten.

Daneben müssen die »Digital Leader« dafür sorgen, Raum und Strukturen für Teambuilding zwischen den Mitarbeitern zu schaffen.

Hintergrundwissen für Führungskräfte

Führungskräfte sollten daher stets auf einen guten Teamgeist achten und ein Bewusstsein dafür entwickeln. Gruppenkohäsion – der wissenschaftliche Begriff für Teamgeist – bezeichnet das Gemeinschafts- oder Zusammengehörigkeitsgefühl in einer sozialen Gruppe. Dies ist nichts Neues, sondern wurde schon sehr viel früher untersucht. Die Definition nach Festinger lautet: »Gruppenkohäsion ist die durchschnittliche Attraktivität der Gruppe für die Mitglieder.«[64] Eine hohe Kohäsion steigert die Zufriedenheit, führt zu mehr Partizipation im Team, fördert die Akzeptanz von Zielen der Gruppe und verringert Absentismus und Fluktuation in Teams.[65] Darüber hinaus führt sie zu einer höheren Produktivität und Arbeitsleistung.[66]

Deshalb ist es wichtig, für ein gutes Gemeinschafts- oder Zusammengehörigkeitsgefühl im Team zu sorgen. Das »Wir-Gefühl« ist die emotionale

Basis für den Zusammenhalt zwischen den beteiligten Personen. Ohne Zusammenhalt kann ein Team nicht als Team agieren. Die Grundlage für einen guten Teamzusammenhalt ist neben Vertrauen (siehe Use Case 1, Vertrauensbildung) vor allem die Förderung von Interaktion und Nähe.[67] Informelle Kommunikation, Kontakt und gemeinsam verbrachte Zeit neben der reinen fachlichen und sachlichen Kommunikation zu Arbeitsinhalten tragen dazu erheblich bei. Hierzu müssen Wege auch auf Distanz gefunden werden. Wir nennen dies »Virtual Socializing«.

In virtuellen Teams ist das Schaffen von Teamgeist und Verbundenheit eine besondere Herausforderung. Beziehungsaufbau, der im analogen Raum automatisch geschieht, muss im virtuellen Team gezielt geplant werden. Neben der Organisation der digitalen Zusammenarbeit müssen Wege gefunden werden, sich virtuell zu begegnen und kennenzulernen. Wie bereits weiter oben im Use Case 1 ausgeführt, spielt das persönliche Kennenlernen und Erleben eine zentrale Rolle, damit zwischen den Teammitgliedern eine Beziehung und Verbundenheit entstehen. In hybriden Teams, in denen Mitarbeiter teilweise im Büro und teilweise remote arbeiten, ist dies noch schwieriger: Mitarbeiter, die einander persönlich sehen, bauen automatisch und schneller eine zwischenmenschliche Beziehung auf als Mitarbeiter, die remote distanziert sind. Dann besteht die Gefahr eines geteilten Teams, in dem sich manche Teammitglieder sehr gut austauschen, persönlich kennen und einen guten Teamspirit haben, während die Remote-Mitarbeiter oft vergessen und nicht miteinbezogen werden. Deshalb müssen hybride Teams von den Führungskräften wie Remote-Teams behandelt werden.

Für ein gut funktionierendes virtuelles Team müssen Führungskräfte Raum (organisatorisch und technisch) und Zeit für Virtual Socializing schaffen. Dazu gehören informelle Kommunikation, persönlicher Austausch und digitale Teambuilding-Maßnahmen.

> Viele Führungskräfte unterschätzen den Zeitaufwand, der nötig ist, um Kontakt zu ihren Mitarbeitern auf Distanz zu halten.

Führungskräfte sind es gewohnt, dass Kontakt zu Mitarbeitern in der gemeinsamen Büroumgebung mühelos geschieht. Viele vergessen deswegen, neue Routinen zu etablieren, um mit den Mitarbeitern virtuell im Austausch zu bleiben.

Um einen guten Teamzusammenhalt zu gewährleisten, dürfen Konflikte auf keinen Fall unter den Teppich gekehrt werden. Damit sie erst gar nicht auftreten, versuchen Sie, Konflikten mittels einer sensiblen Personalführung, einer transparenten Informationspolitik sowie einer klugen Arbeitsorganisation entgegenzuwirken. Häufig sind Konflikte schwer zu erkennen, weil sie keine klaren Auslöser haben und schon länger schwelen. Vermutungen und Spekulationen sind zwar Signale, helfen jedoch nicht weiter. Sollten Sie das Gefühl haben, dass etwas in Ihrem Team nicht in Ordnung ist, gilt die einfache Regel »Wer fragt, erfährt mehr«. Fragen Sie deshalb ganz direkt bei den am Konflikt Beteiligten nach: Es wird für Sie einfacher, die Situation einzuschätzen, wenn Sie wissen, was los ist. Im folgenden Abschnitt erhalten Sie Hilfestellungen, welche Art von Konflikten es gibt und wie diese entstehen. Dies hilft Ihnen, Konflikte auf Distanz besser zu erkennen und nachzufragen, wo das Problem bzw. der Auslöser liegt, um daraufhin gezielt handeln zu können.

> Teambuilding und Verbundenheit durch Virtual Socializing benötigen Struktur, Planung und Zeit und entstehen nicht von allein.

Was muss ich als Führungskraft jetzt tun?

Führungskräfte müssen die Team-Kommunikation und das Social Virtualizing zu einer Priorität machen und sie nicht dem Zufall überlassen oder gar vergessen. Informelle Kommunikation braucht mehr Planung und Struktur als das Kommunizieren in der gemeinsamen Büroumgebung.

Zusammengefasst müssen Führungskräfte Lösungen auf die folgenden Fragen finden:

- Wie entwickle ich ein Gruppenbewusstsein für das gesamte Team?
- Wie gelingt die informelle »Kaffeeküchen-Kommunikation« auf Distanz?
- Wie können Mitarbeiter Feedback bezüglich der Stimmung im Team geben?
- Wie halte ich als Führungskraft den Teamspirit aufrecht?
- Wie beuge ich Isolation einzelner Mitarbeiter vor?
- Welche Konflikte gibt es im Team, und wie löse ich diese?

Zu diesen Fragen erhalten Sie im Folgenden Hilfestellung in Form von Tools und Checklisten.

Checkliste 1: Feedback zur emotionalen Stimmung im Team einholen

Bewährt haben sich Kurzumfragen und Online-Stimmungsbarometer. Kurzumfragen lassen sich schnell und einfach abbilden und liefern ein spontanes Blitzlicht auf die Stimmung im Team.

Beispiel Kurzumfrage

Fragen Sie sich, ob die unten stehenden Sätze, für Sie zutreffen und bewerten Sie dies anhand einer Skala von 1 bis 10.	Skala 1 (schlecht) bis 10 (sehr gut)
Wir gehen aktuell gut aufeinander ein und unterstützen uns.	
Ich fühle mich für meine Leistungen anerkannt und bekomme entsprechendes Feedback.	
Ich fühle mich als vollwertiges Mitglied im Team.	
Wir haben ausreichend Zeit für persönlichen Austausch.	
Wir haben eine Atmosphäre von Vertrauen im Team.	

Diese Tools unterstützen bei der Umfrage: www.mentimeter.com oder https://trypingo.com/de

Checkliste 2: Raum für informelle Kommunikation schaffen

- Planen Sie informellen Austausch vor Beginn von virtuellen Meetings ein. Sie können dies auch explizit auf die Agenda setzen.
- Etablieren Sie Routinen und einen für Sie funktionierenden Rhythmus für regelmäßige Check-ins mit einzelnen Mitarbeitern und dem Team. Blocken Sie sich hierfür Zeit im Kalender.
  - Tägliche Team-Check-ins: z. B. Daily Stand-ups für gegenseitigen Informationsaustausch und Updates
  - Wöchentliche Team-Check-ins: Team-Update und Zeit für Reflexion, Feedback, Entscheidungen, Erkennen, wo und ob Unterstützung seitens der Führungskraft notwendig ist

- Geben Sie regelmäßig informelles Feedback und zeigen Sie Wertschätzung
- Ermutigen Sie Ihr Team, Wege für informellen Austausch untereinander zu finden, z. B. virtuelle Kaffeetreffen oder virtuelle Clubs für gemeinsame Hobbys.
- Geben Sie dem Team Freiraum für informellen Austausch.
- Richten Sie im Chat-Tool einen Kanal für informellen Austausch ein.

Checkliste 3: Nutzen Sie Personal Maps für persönliches Kennenlernen

Eine »Personal Map« ist eine Mindmap, die die persönliche Themen eines Mitarbeiters zeigt – sie verbindet arbeitsbezogene Themen wie Projekte/Fähigkeiten mit privaten Themen wie Hobbys, um die Person über die Arbeitsinhalte hinaus persönlich kennenzulernen.

- Erstellen Sie die Mindmaps, z. B. in einem Mural Board, auf das alle Zugriff haben.
- Definieren Sie die Kategorien in der Map (z. B. Projekte, Skills, Ausbildung, Ziele, Werte, persönliche Interessen wie Hobbys, Ziele und Werte).
- Lassen Sie gegenseitige Interviews durchführen, um die Personal Map zu erstellen.

Checkliste 4: Verstehen Sie, wie Konflikte entstehen

Konflikte entstehen sehr unterschwellig und sind im virtuellen Team meist sehr lange nicht sichtbar. Das Lösen von Konflikten ist auf Distanz weitaus schwieriger als im analogen Raum. Finden Sie heraus, was die Ursachen von Konflikten sind, und versuchen Sie diese dadurch zu vermeiden. Dadurch bauen Sie gezielt Vertrauen auf.

Hauptquellen von Konflikten finden

- Aufgabenkonflikt: unterschiedliche Meinungen und Erwartungen zu dem, was zu tun ist. Durch das Lösen dieses Konflikts wird zum einen die Entscheidungsqualität verbessert, zum anderen wird sichergestellt, dass das Team an den wichtigsten Aufgaben arbeitet.
- Prioritätenkonflikt: Unklarheit über die Prioritäten von Aufgaben oder Projekten. Die Mitarbeiter diskutieren, welche Aufgaben am wichtigsten sind. Kommunizieren Sie als Führungskraft Prioritäten und Prioritätsänderungen und helfen sie Ihrem Team, Prioritäten festzulegen.
- Prozesskonflikt: bezüglich der Art und Weise, wie die Aufgaben vom Team ausgeführt werden oder wie die Ressourcen für die Aufgaben delegiert werden. Durch die Lösung dieses Konflikts wird die Effektivität und Effizienz der Arbeit des Teams verbessert.
- Fakten- und Datenkonflikt: tritt auf, wenn Mitarbeiter unterschiedliche Wahrnehmungen oder Annahmen haben oder Daten und Fakten falsch interpretieren. Geben Sie als Führungskraft immer zusätzliche Informationen und Fakten und überkommunizieren diese.
- Beziehungskonflikt: zwischenmenschliche Differenzen. Sorgen Sie als Führungskraft immer für ein respektvolles Miteinander.
- Wertekonflikt: der am schwierigsten zu lösende, weil Werte zutiefst persönlich sind. Teamleiter sollten ständig daran arbeiten, den Teammitgliedern dabei zu helfen, sich auf das zu konzentrieren, worauf sie sich einigen können, anstatt zuzulassen, dass sie polarisiert werden. (Tipp: Spielen Sie »Moving Motivators«, siehe Kapitel 3).

Checkliste 5: Kreative Ideen für virtuelles und hybrides Teambuilding

Grundsätzlich geht es bei der aktiven Kommunikation durch eine Führungsperson darum, initiativ auf den anderen zuzugehen, die Kommunikation in Gang zu setzen und sie aufrechtzuerhalten. Selbst das Gespräch suchen, deutliche Ansprechbarkeit signalisieren, Gelegenheiten schaffen und nutzen, in denen ein informeller Kontakt möglich ist – dies alles sind Merkmale aktiver Kommunikation. Damit echtes Vertrauen entstehen kann, sollten alle Mitarbeiterinnen und Mitarbeiter gleichermaßen berücksichtigt werden. Schaffen Sie neue Routinen oder ergänzen Sie bewährte Routinen mit neuen Tools.

Spiele-Meeting oder Motto-Konferenz
Viele bekannte Spiele lassen sich auch problemlos via Videokonferenz spielen. »Around the World«, »Online-Outburst« oder »Kniffelrunden« sind mit ein wenig Fantasie als Online-Events schnell und einfach einsetzbar. Für Stimmung können auch Themenevents sorgen. Beispiele sind »virtuelles Schoko-Tasting«, »virtuelles Gin-Tasting« oder »interaktiver Songslam«. Tools und Impulse gewinnen Sie über diese Plattformen:
  https://gather.townhttps://skribbl.io

Teambuilding und »Wir-Gefühl« stärken
In einer »Virtual Art Night« haben die Mitarbeiter die Möglichkeiten, gemeinsam zu zeichnen, zu malen und zu gestalten. Solche Events bringen lustige, spannende und verbindende Momente für die Mitarbeiter und eine Abwechslung zum isolierten Arbeitsalltag. Mit der eingetragenen Marke »Team Beats« entstehen Analogien zwischen der wahrgenommenen Zusammenarbeit und zahlreichen Tönen. Am Ende erhält das Team eine passende eigene Melodie als eigene »Musikmarke«. Ein technisches Tool existiert aktuell noch nicht. Zahlreiche Anbieter arbeiten mit unterschiedlichen musikalischen Interventionen für die virtuelle Teamentwicklung.

Employee-Dates und Speed-Topics

Treffen Sie sich mit Kollegen zum Plaudern über »Gott und die Welt« oder gezielt zu Themenabenden. In der spontanen und agilen Zusammenkunft können Teammitglieder ihre Lieblingsthemen platzieren und Gleichgesinnte im Team finden. Diese Tools unterstützen Sie dabei:

https://member.me

https://preciate.com

KAPITEL 7
MIT MENTAL HEALTH DIGITALEN STRESS UND ÜBERLASTUNG VERMEIDEN

- Wie Sie verantwortungsvoll mit digitalen Medien umgehen
- Wie Sie ein Klima der psychologischen Sicherheit am Arbeitsplatz schaffen
- Wie Sie die »Digitale Resilienz« für sich und Ihre Mitarbeiter stärken
- Wie Sie »Digital Wellbeing« in virtuellen Arbeitsumgebungen schaffen
- Wie Sie aus der Arbeitszeitfalle herauskommen und sich auf Ergebnisse fokussieren

Das Why: Digital Wellbeing – Warum mentale Gesundheit am digitalen Arbeitsplatz entscheidend ist

In Kapitel vier und sechs haben wir bereits das Phänomen »Zoom-Fatigue« – die Onlinemüdigkeit[68] – eingebracht. Das »digitale Wohlbefinden« von Mitarbeitern im Unternehmen und die »mentale Gesundheit« jedes Einzelnen werden immer bedeutender. Wir beobachten, dass Menschen mit zunehmender Technik im Arbeits- und Lebensumfeld nicht automatisch einen gesunden Umgang mit ihrer Psyche praktizieren. Forschungen und Studien haben gezeigt, dass Unternehmen, die ein positives Arbeitsumfeld für psychologische Sicherheit schaffen, profitieren.

Die Notwendigkeit, sich mit diesem Thema auseinanderzusetzen, liefern zu Beginn die Ergebnisse der Studie »BGM im Mittelstand 2019« unter Leitung der Zeitschrift »Personalwirtschaft«.[69] Sie zeigt den Status quo der betrieblichen Aktivitäten in den Jahren 2019 und 2020. Das Ergebnis überrascht: In den Befragungen gaben die Mitarbeiter als Hauptursachen für ihre psychische Belastung mit jeweils rund 70 Prozent die Faktoren Arbeitsverdichtung und schlechte Führungskultur an.[70] Sie haben das Gefühl, dass wegen steigender Arbeitsverdichtung und Automatismen Führungskräfte ebenso darunter leiden. Aus diesem Grund kommen sie ihrer Fürsorgepflicht gegenüber den Mitarbeitern immer weniger nach. Das Fazit: In mittelständischen Unternehmen fehlen Führungskräften die Strategien und Instrumente, um Mitarbeitergesundheit für sich und das Team aktiv zu gestalten.

> Zuerst leiden die Führungskräfte, dann ihre Mitarbeiter, dann leidet der Erfolg.

Es gibt weitere gute Gründe, sich mit dem intelligenten und achtsamen Umgang mit digitalen Medien, Technologien und im digitalen Arbeitsumfeld zu beschäftigen. Verändernde Arbeitsbedürfnisse und ein erhöhter Druck durch ständige Erreichbarkeit und Verfügbarkeit treibt die Entgrenzung von Privatem und Beruflichem deutlich voran. Körper und Geist werden über das durchschnittliche Maß gefordert.

> »Digitale Fitness« bringt eine intelligente und achtsame Nutzung von Technologien im Büro und Homeoffice für geistiges und körperliches Wohlbefinden.

Wie hoch dieses Maß an Entgrenzung ist, zeigen die Zahlen einer DAK-Studie von 2020. Demnach vermissen fast 50 Prozent der Befragten eine klare Trennung von Beruf und Privatleben. Dazu wurden über 7000 Menschen repräsentativ zuerst vor und später während der Pandemie befragt.

Jeder Zweite in Deutschland glaubt, dass die psychische Gesundheit unter der Arbeit im Homeoffice leidet. Das ergab eine repräsentative Umfrage des Meinungsforschungsinstituts Civey im Auftrag des Bundesministeriums für Bildung und Forschung (BMBF). Professorin Beate Beermann, Fachbereichsleiterin der Bundesanstalt für Arbeitsschutz und Arbeitsmedizin (BAuA), kommentiert die Ergebnisse wie folgt:

> »Bei der Arbeit im Betrieb oder Büro liegt der Fokus deutlich häufiger auf der geleisteten Arbeitszeit. Wenn wir von zu Hause aus arbeiten, konzentrieren wir uns mehr auf Arbeitsaufgabe und Ergebnisse und verlieren die Uhr dabei oft aus dem Blick. Wir können nicht mehr abschalten. Das wirkt sich auf die Gesundheit und die Work-Life-Balance aus.«

Da die Grenzen zwischen Arbeit und Freizeit verschwimmen, arbeiten Mitarbeiter in Remote- oder hybriden Teams oft mehr und sind oft nicht in der Lage oder nicht bereit, mit der Arbeit aufzuhören. Überstunden können so leicht zur Gewohnheit werden. Nach einiger Zeit kann dieses Verhalten zu Burn-out und potenziellen Problemen mit der Arbeitsqualität und der allgemeinen Gesundheit führen. Dazu kommen Entgrenzung und mangelnde

Verbundenheit zum Team, was bei Mitarbeitern häufig zum Gefühl der Isolation führt (siehe auch Kapitel 6).

Dieses Problem haben bereits die meisten Unternehmen erkannt. 74 Prozent der befragten Unternehmen sehen gleichfalls und unabhängig davon einen wesentlichen Bedarf in der Entwicklung einer unternehmensweiten Strategie zur Vermeidung von Entgrenzungserscheinungen.[71] Digitale Arbeitsumfelder und Remote-Arbeit erfordern erstens Organisationstalent und zweitens digitale Resilienz aller Mitarbeiter. Ein organisiertes ebenso wie sozial motiviertes Einfühlungsvermögen in die Mitarbeiter existiert in vielen Organisationen immer noch nicht. Das äußert jeder dritte Mitarbeiter über seine Geschäftsleitung in der oben erwähnten Studie »BGM im Mittelstand 2019«.[72]

> Die Entgrenzung von Arbeit und Freizeit trifft auf eingeübte individuelle Verhaltensmuster der Menschen.

Während psychische Erkrankungen vor 20 Jahren in der Studien- und Arbeitswelt kaum Aufmerksamkeit erzeugten, sind sie heute die zweithäufigste Diagnosegruppe bei Krankschreibungen bzw. bei Arbeitsunfähigkeit.[73] Kommen unvorhersehbare Verstärker hinzu (z. B. Lockdown infolge der Pandemie, soziale Isolation, Veränderungsprojekte, Restrukturierungen), verstärken sich die Symptome bei Personen mit relevanten Dispositionen in hohem Tempo. Diese können Beeinträchtigungen für die psychische Gesundheit wie Depressionen und Angststörungen mit sich bringen.[74] Das bestätigt eine Erhebung der Krankenkasse KKH.

Die Zahl der psychischen Erkrankungen ist während der Corona-Pandemie erheblich angestiegen. So wurden z. B. im ersten Halbjahr 2020 80 Prozent mehr Krankmeldungen wegen seelischer Leiden festgestellt als im Vorjahreszeitraum.[75]

> Auch wenn Mitarbeiter es gewohnt sind, mit Computern zu arbeiten, belastet digitale Arbeit sie mehr als zuvor.

Doch es ist nicht die Pandemie allein, die die oben genannten Symptome hervorruft oder verstärkt. Eine Umfrage unter 3900 Mitarbeitern und Unternehmensleitern in elf Ländern des US-Amerikanischen Arbeitsinstituts »The Workforce Institute bei UKG« (Ultimate Kronos Group) und »Workplace Intelligence« ergab, dass Burn-out und Müdigkeit für Mitarbeiter, die remote arbeiten (43 %), und solche, die an einem physischen Arbeitsplatz arbeiten (43 %), gleichermaßen ein Problem darstellt.

Insgesamt geben drei von fünf Mitarbeitern und Unternehmensleitern (59 %) an, dass ihr Unternehmen zumindest einige Maßnahmen zum Schutz vor Burn-out ergriffen hat, obwohl sich fast ein Drittel (29 %) der Mitarbeiter wünscht, dass Unternehmen mehr Einfühlungsvermögen zeigen würden.[76] Interessant ist, dass dieses Phänomen kulturübergreifend auftritt. Eine Befragung in 46 Ländern vom Herbst 2020 unter mehr als 1500 Befragten (davon 67 % Führungskräfte) in verschiedenen Branchen ergab, dass das digitale Wohlbefinden am Arbeitsplatz ein globales Problem ist.[77] Drei Highlights aus dieser Studie:

- 89 % der Befragten gaben an, dass sich ihr Arbeitsleben verschlechtert hat.
- 85 % gaben an, dass ihr Wohlbefinden abgenommen hat.
- Nur 21 % bewerteten ihr Wohlbefinden als »gut«, und nur 2 % bewerteten es als »ausgezeichnet«.

> »Digitales Wohlbefinden« gehört unter die Top 3 der Management-Agenda!

Doch in der Praxis mangelt es an Management-Commitment, organisatorischen Rahmenbedingungen und Regeln, kulturellen Normen und Werten zum digitalen Arbeiten, Affinität für (technische) Tools und am Verständnis für einen achtsamen Umgang mit digitalen Medien.

> Digitales Wohlbefinden ist im betrieblichen Gesundheitsmanagement in deutschen Mittelstandsunternehmen nicht zu finden.

Nachdenklich werden wir, wenn wir den Zusammenhang zwischen digitaler Transformation und betrieblichem Gesundheitsmanagement betrachten. Die Studienlage lässt tief blicken: In nur zwölf Prozent der befragten Unternehmen stellt die Begleitung der digitalen Transformation durch Digitales Fitness-Management ein explizites Ziel dar. Und fast die Hälfte der Befragten verneinen die Aussage, dass betriebliches Gesundheitsmanagement im Allgemeinen bei einer organisatorischen Veränderung im eigenen Unternehmen überhaupt eine wichtige Rolle spielt.

Die Führungskraft kann sich in ihrem Handeln an folgenden Fragen orientieren:

- Wie kann ich als Führungskraft psychologische Sicherheit am Arbeitsplatz für mich und das Team schaffen?
- Wie stärke ich sowohl meine »digitale Resilienz« als auch die meiner Mitarbeiter?
- Wie schaffe ich soziales Wohlbefinden in virtuellen Umgebungen?

Das How:
Herausforderungen und wie man diese löst

Use Case 1: Wie erreicht man Resilienz im digitalen Team?

Der Schmerz im Organisationsalltag – psychologische Sicherheit schaffen

Auf Entscheidungsebenen helfen alle bekannten Managementmethoden bei der Organisation von Strukturen und Abläufen im Unternehmen. Hilfestellungen, um die Widerstandsfähigkeit der Menschen zu stärken, liefern sie nicht. Für Entscheidungen im Hinblick weicher Faktoren wie »psychologische Sicherheit« oder »Wohlfühlmaßnahmen« fehlt oft der Blick, oder sie werden von den harten betriebswirtschaftlichen Faktoren unterdrückt.

> **Umgang mit schlechten Veränderungen und Frust**
> Erfolge feiern, das kann jeder. Eine resiliente Persönlichkeit zeigt sich hingegen in der Krise oder in Veränderungen, die bewährte Routinen erschüttern oder verändern. Das konnten Sie zu Beginn der Pandemie gut beobachten, als wir alle praktisch über Nacht in eine neue Remote-Arbeitsweise »geworfen« wurden. Zu Beginn waren Energie und Motivation sehr hoch. Doch nach einiger Zeit und Gesprächen mit dem Team stellen wir fest, dass das Team Unsicherheiten äußerte und der Frust stetig wuchs. Einige im Team konnten mit den Veränderungen besser umgehen als andere. Sie sahen eher die Chancen und waren begeistert von den Neuerungen. Andere wünschten sich nichts sehnlicher, als in die Normalität zurückzukehren. Die Angst, was

die Zukunft bringt, machte sich breit. Wie entwickeln wir Widerstandskraft und schützen uns vor potenziellen Zukunftsängsten in unserem Team?

Fakt ist: ein Zurück in die Normalität wird es nicht geben. In Zukunft werden die Dynamik, die Schnelligkeit und der Veränderungsdruck noch mehr zunehmen. Die Anforderungen aufgrund von komplexen Arbeitsbedingungen und Flexibilisierung der Arbeit werden steigen.

Führungskräfte müssen sich mit der neuen Fragestellung beschäftigen, wie sie die Resilienz in ihrem Team und auch für sich selbst stärken können.

Hintergrundwissen für Führungskräfte

Resilienz bezeichnet allgemein die Fähigkeit, gegen Widerstände standhaft zu bleiben, mit Veränderungen gezielt umzugehen und auch in Krisensituationen handlungsfähig zu sein. Resiliente Menschen lassen sich schwerer aus der Fassung bringen und gehen aus Krisen sogar gestärkt hervor. Weniger resiliente Menschen werden durch dauernd anhaltende Stresssituationen erst unproduktiv und später oft auch krank. Menschen mit einem »Growth Mindset« sehen in jeder Krise eine Chance. Ihr Motto lautet »Don't waste a good crisis!«. Obwohl einige Personen von Natur aus resilienter als andere sind, kann diese Fähigkeit unabhängig von der Persönlichkeit erlernt und gefestigt werden. Wir sind anschließend besser in der Lage, auf Veränderungen und Herausforderungen zu reagieren und ihnen proaktiv zu begegnen.

Um über persönliche Resilienz zu sprechen, bedarf es »psychologischer Sicherheit« am Arbeitsplatz – eine Atmosphäre, in der jeder über das eigene mentale Befinden und über persönliche Themen offen sprechen kann. Ohne psychologische Sicherheit kann in Veränderungssituationen keine höhere Leistung von den Mitarbeitern gefordert werden. Eine McKinsey-Studie[78] zeigt auf, dass nur 43 Prozent aller Befragten von einem Klima der psychologischen Sicherheit innerhalb ihres Teams berichten. Laut den Ergebnissen können Führungskräfte durch einen konsultativen und unterstützenden Führungsstil ein solches Klima im Team schaffen. Dazu gehört, dass die Führungskraft sich um die Teammitglieder nicht nur als Mitarbeiter, sondern auch als Menschen kümmert und sie unterstützt. Dazu zählen längst bekannte Führungsprinzipien, zum Beispiel reger Informationsaustausch, Feedbackgespräche und vertrauensbildende Maßnahmen rund um das Thema mentale Gesundheit.

Die Studienergebnisse haben auch gezeigt, dass eine Investition in die Führungskräfteentwicklung für alle Führungspositionen eine effektive Methode ist, um die psychologische Sicherheit zu verbessern. Mitarbeiter, die berichten, dass ihr Unternehmen in erheblichem Maße in die Führungskräfteentwicklung investiert, geben mit höherer Wahrscheinlichkeit auch an, dass ihre Teamleiter in der täglichen Arbeit unterstützendes Führungsverhalten zeigen.

Der Mangel an Wohlbefinden von 85 Prozent der Mitarbeiter weltweit, den die Studien aufzeigen, beweist, dass das Mitarbeiter-Wohlbefinden im Unternehmen stets Beachtung finden sollte.[79] Sie allein können dazu beitragen, dass die Resilienz der Mitarbeiter zunimmt. Für die einzelne Führungskraft bedeutet dies, die eigenen empathischen Fähigkeiten zu entwickeln und diese besonders in kritischen Situationen einzusetzen.

Das Tübinger Leibniz-Institut für Wissensmedien zeigt, dass auch die Arbeitsbedingungen Einfluss auf die Kompetenz von Führungskräften haben, für das Mitarbeiter-Wohlbefinden zu sorgen. Dazu hat es zwei Experimente durchgeführt. Die Ergebnisse zeigen, dass Führungskräfte die Verantwortung für ihre Mitarbeiter umso mehr vernachlässigen, je länger und häufiger virtuell zusammengearbeitet wird. Die Forscher der Arbeitsgruppe »Soziale Prozesse« fanden heraus, dass die Art des Kontakts (real/virtuell/hybrid) einen bedeutenden Einfluss auf die soziale Wahrnehmung hat. Führungskräfte nehmen mehr Verantwortung für andere wahr, wenn sie Face-to-Face-Kontakt (und keinen digitalen Kontakt) erwarteten.[80]

Neben einer unternehmerischen Strategie bedürfen Mitarbeiter sozialer Nähe untereinander.[81] M. Lance Frazier hat gemeinsam mit anderen in seiner Studie »Psychological Safety: A Meta-Analytic Review and Extension« die wichtigsten drei Faktoren identifiziert, die die psychologische Sicherheit und daraus folgend die Resilienz von Mitarbeitern und Teams fördern.[82] Dazu gehören (1) ein positives Teamklima, (2) die Wertschätzung der Beiträge aller Teammitglieder und (3) das Sich-Kümmern um das Wohlbefinden der anderen (siehe auch Kapitel 6, »Virtual Socializing«).

Dazu sind konkrete Beschreibungen von (1) Veränderungen im neuen, virtuellen Arbeitsverhalten zu erarbeiten, (2) Fähigkeiten im Umgang mit Komplexität und neuen Technologien zu üben, und (3) kreative Maßnahmen zur Förderung der mentalen Einstellung von Mitarbeitern zu entwickeln. Dazu gehören natürlich bereits bekannte Maßnahmen für eine optimale Gesundheit, indem Belastungen reduziert werden, vitalisierende Aktivitäten herangezogen werden und das soziale Netzwerk gestärkt wird.

Was muss ich als Führungskraft jetzt tun?

Zum Thema »Resilienz im Team entwickeln« gibt es erst sehr wenige Forschungsarbeiten. Resilienz wird klassisch in Mitarbeiter-Trainings bearbeitet. Dabei lernt man meist in kleinen Gruppen, wie Verhaltensweisen und Denkmuster geändert werden können. Auch Einzeltrainings und Coachings werden angeboten. Erfahrungsgemäß sind die Wirkungseffekte nach Trainings und Gruppenveranstaltungen im Unternehmen häufig schwach, wenn sich nicht zeitgleich die Rahmenbedingungen und das Führungsverhalten im Hinblick auf neue Arbeitsmethoden ändern. Eine Führungskraft berichtet aus dem virtuellen Arbeitsalltag.

> »Mit der Pandemie wurde das virtuelle Arbeiten zum Standard. Irgendwann habe ich mit dem virtuellen Teambuilding begonnen, ich nenne es »Zoom-Happy-Hours«. Das sind morgendliche Stretching-Sessions im Zoom-Videoraum. Zu Beginn waren diese virtuellen Veranstaltungen total überfüllt. Nach vier Wochen allerdings wurden diese »Wohlfühlmaßnahmen« zu einem unbedeutenden Teil des Arbeitspensums. Da war es dann vorbei mit dem »Happy«. Weitere »Pflasterlösungen« wie Yoga-Programme, Wellness-Technologien und Meditations-Apps reichen nicht aus für das mentale Wohlbefinden der Mitarbeiter.«

Es sind Strategien und Rahmenbedingungen für die »Digitalfürsorge« im Unternehmen zu formulieren und konkretes Führungsverhalten zu entwickeln. Beide sollten das Ziel verfolgen, die digitale Resilienz der Mitarbeiter zu stärken. Häufig wird die Strategie, alle Mitarbeiter im Unternehmen zugleich hin zu mehr resilientem Verhalten zu entwickeln, zu einer Sisyphus-Aufgabe. Sie endet meist mit nicht überprüfbaren Ergebnissen. Stattdessen zeigt die Praxis, dass der Erfolg höher ist, wenn dieses Thema in die tägliche Arbeit und das tägliche Führungsverhalten integriert wird.

> Übungen zur Achtsamkeit fördern die individuelle Resilienz.

Dazu gehören auch Führungsprinzipien, die man selten in der Managementpraxis entdeckt. Zum Beispiel das Prinzip der Achtsamkeit. Es handelt sich dabei ursprünglich um eine meditative Grundpraxis aus den buddhistischen Schulen. Mit diversen Übungen (Meditationen, Yoga und anderem) kann das individuelle Aufmerksamkeitsverhalten verbessert werden. Dies stärkt die individuelle Wahrnehmungs- und Bewusstseinsfähigkeit. Machen Sie sich diese Achtsamkeitsübungen zur Gewohnheit. Probieren Sie diese auch gemeinsam mit dem Team aus.

Mit ein bisschen Übung lassen sich mit Hilfe der folgenden Checklisten in Zukunft Probleme besser bewältigen und die mentale Gesundheit und Resilienz der Mitarbeiter stärken.

Checkliste 1: Team-Resilienz stärken

In der Praxis hat sich gezeigt, dass die folgenden Faktoren die Team-Resilienz stärken:

- Psychologische Sicherheit: offen über mentale Gesundheit sprechen, Raum für Kreativität, gegenseitige Unterstützung, offen über Fehler sprechen und diese als Lernchancen sehen
- Umgang mit Unerwartetem: Gelassenheit und Unterstützung in Krisen, Vertrauen auf die Zukunft, Flexibilität, agiles Denken und Anpassen von Arbeitsweisen, Förderung von Lösungsideen
- Umgang mit kritischen Situationen: Gespräche suchen, Gefühle und Befindlichkeiten in kritischen Situationen ansprechen, Krisen gemeinsam verarbeiten
- Zusammenhalt im Team: Zusammenarbeit, Kooperation über alle Bereiche, Wissensaustausch, Perspektivenwechsel bei Problemen und Krisen, Retrospektiven, Leitbilder, Werte
- Vertrauenskultur: Förderung von Interaktion und Beziehungen, Vermeiden von Konfliktpotenzialen (siehe Kapitel 6)
- Mitarbeiterpotenziale: Förderung von Talenten, Einbringen von Mitarbeiterwissen, Wertschätzung, Übertragung von Verantwortung (siehe Kapitel 2 und 3)

Checkliste 2: Erweitern Sie Ihre Führungsprinzipien –
schaffen Sie mehr psychologische als materielle Sicherheit
am Arbeitsplatz

- Entwickeln Sie einen achtsamen Umgang mit ihrem Team. Schärfen Sie Ihre individuelle Wahrnehmung und erinnern Sie sich an Ihre eigene Sensibilität zurück.
- Unterstützen Sie Ihre Mitarbeiter z. B. durch eine Intranetseite mit Ressourcen rund um mentale Fitness und Gesundheit.
- Checken Sie mit Ihren Mitarbeitern regelmäßig ein und zeigen Sie, dass das Wohlergehen Ihrer Mitarbeiter eine Priorität ist. Fragen Sie aufrichtig: »Wie geht es Ihnen?« und »Wie kann ich helfen?«. Bieten Sie konkret Unterstützung an.
- Nicht jeder gibt ehrlich zu, dass es ihm schlecht geht. Schärfen Sie stattdessen ihre Wahrnehmung in Hinsicht auf auffälliges Verhalten innerhalb Ihres Teams (Rückzug, Aggressionen, Lethargie, Frust und Ähnliches).
- Starten Sie einen Austausch in Ihrem Team: Was läuft gut, was weniger gut, was sollten wir ändern, wie gehen wir mit situativem Stress um, was sind persönliche Präferenzen der einzelnen Teammitglieder, …?
- Lernen Sie, über persönliche Themen wie psychische Gesundheit offen zu sprechen.
- Schulen Sie in einem Weiterentwicklungsprogramm Führungskräfte zum Thema Mental Health, die dann im Anschluss als Ansprechpartner und Mentor dienen können.

Checkliste 3: Akzeptanz für sich und andere – Achtsamkeitspraxis im Team

Das »Netzwerk achtsame Wirtschaft e. V.«[83] ist ein Netzwerk von Menschen aus der Wirtschaftspraxis, die das Prinzip der Achtsamkeit in ihre unternehmerische Führungsarbeit integriert haben. Aus jahrelanger Praxisanwendung diverser Übungen[84] haben sich diese ausgewählten Übungen als ausgesprochen hilfreich erwiesen:

- Achtsames Atmen: Wenn wir achtsam atmen, vereinen sich Körper und Geist. Herz und Verstand, Denken und Fühlen finden wieder zueinander. Wir kommen zur Ruhe und werden klarer.
- Tiefes Zuhören: Tiefes Zuhören heißt zuallererst, den eigenen, inneren Parallelvortrag liebevoll, aber entschlossen wahrzunehmen und sanft zu stoppen.
- A-L-I: Es handelt sich um eine Art Zauberformel für unseren Arbeitsalltag. Richten Sie eine Mini-Pause ein mit A = Atmen, L = Lächeln, I = Innehalten.
- Tiefer Austausch: Tiefer Austausch im Geiste der Verbundenheit ist ein großes Geschenk. Führungskraft und Mitarbeiter teilen eigene Erfahrungen miteinander und reden nicht über abstrakte Ideen oder theoretische Konzepte.
- Selbstwahrnehmung und Selbstreflexion stärken.

Use Case 2: Zoom-Fatigue, Teil 2 – Wie beugt man Überlastung und digitalem Stress vor?

Der Schmerz im Organisationsalltag

Die Digitalisierung birgt viele Chancen für die Umsetzung innovativer und flexibler Arbeitsumgebungen. Wenig betrachtet werden hingegen die Risiken für Mitarbeiter und Unternehmen. Falsche Mediennutzung oder zu viel Medienkonsum kann zu Überlastung und digitalem Stress führen. Das ist generationsübergreifend. Der Braunschweiger Neurobiologe Martin Korte sieht hier keine Unterschiede. Er erklärt im Gespräch mit der Deutschen Presse-Agentur: »Was ich eher glaube, ist, dass wir einen Übergangszustand erleben, in dem wir alle lernen müssen, mit einer neuen Technologie umzugehen.«[85]

> Das Arbeitspensum und die Bildschirmarbeitszeit nehmen im digitalen Arbeitsumfeld deutlich zu.

Wir sind den kompletten Arbeitstag lang online, meist ständig erreichbar, gehen von einem Meeting ins nächste und fahren spät abends völlig erschöpft den Laptop herunter. Arbeiten wir dabei mehr?

Nur fünf Stunden am Tag?

»Nur sechs bis sieben Stunden am Tag? Wow, dann hast du wirklich nicht viel Arbeit. Ich sitze mindestens zehn, zwölf Stunden vor dem Laptop.« Das hören wir oft. Wir definieren die Arbeit durch die Anzahl der Stunden. Müssten wir uns nicht eher auf Ergebnisse fokussieren? Und bedeutet eine höhere

Stundenanzahl wirklich mehr produktive Arbeit? Arbeiten wir so viel, weil wir die Hälfte der Zeit durch die übermäßige Mediennutzung und Informationsüberflutung abgelenkt sind? Würden wir viel mehr an Arbeit in kürzerer Zeit schaffen, wenn wir lernen würden, uns zu fokussieren, zu strukturieren und zu konzentrieren? Viele klagen: »Die Pandemie hat die Arbeitsüberlastung noch verschlimmert. Niemand respektiert mehr Zeitgrenzen. E-Mails fangen um 5.30 Uhr morgens an und enden nicht vor 22 Uhr. Webkonferenzen werden in Mittagspausen verlegt.«

Das digitale Arbeitsumfeld kann Mitarbeiter schnell überlasten. Aber nicht nur die unternehmerischen Rahmenbedingungen liefern zahlreiche Ursachen für Stress in der Belegschaft. Es ist auch das individuelle Mediennutzungsverhalten, das durch Ablenkungen ungewollt die Produktivität der eigenen Arbeit verringert.

Hintergrundwissen für Führungskräfte

Im flexiblen digitalen Arbeitsumfeld verschwinden die Grenzen von Arbeit und Freizeit sehr schnell. Es fehlt die strikte Trennung von Arbeitszeit und Freizeit. Für viele Menschen ist es ein Ritual, morgens zur Arbeit zu gehen und am Abend nach Hause zu kommen.

Das Fraunhofer IAO hat zu dieser Entgrenzung von Arbeit und Freizeit zwei Thesen aufgestellt:[86]

These 1: Wir leben nach wie vor in einer Kultur der strikten Trennung von Arbeitszeit und Freizeit. Der Wunsch nach individueller Orts- und Zeitsouveränität und Entgrenzung der Arbeitszeit trifft auf ein über Jahrhunderte einstudiertes kulturelles Verständnis von Arbeit und Freizeit.

These 2: Die Trennung von Arbeit und Freizeit trägt zur Strukturierung und Organisation des individuellen und gesellschaftlichen Lebens bei. Arbeit schafft durch ihre Verpflichtungen, ihre Regeln und Rituale Struktur und

Berechenbarkeit. Insbesondere dort, wo die Fähigkeit zum Selbstmanagement fehlt oder die häusliche Umgebung ein durchgängiges, konzentriertes Arbeiten behindert, entstehen Chaos und in der Folge Leistungsmängel, die entweder zu erhöhter Arbeitszeit oder Produktivitätseinbußen führen.

Diese Entgrenzung führt dazu, dass viele Menschen nicht mehr abschalten können, sich nicht mehr fokussieren können und Überstunden zur Regel werden, ohne wesentlich produktiver zu sein. Dazu tragen aus unserer Praxiserfahrung zwei Faktoren wesentlich bei:

1. Mangelnde Organisation im digitalen und hybriden Arbeitsumfeld
2. Ablenkung durch die Nutzung digitaler Medien

Mangelnde Organisation im digitalen und hybriden Arbeitsumfeld

In Kapitel 4 sind wir bereits auf diesen Punkt näher eingegangen und haben das Problem der fehlenden Fokuszeit für produktive Arbeitszeit und die Erledigung von Aufgaben beschrieben. Eine gute Balance von synchroner und asynchroner Arbeitszeit kann dem entgegenwirken. Führungskräfte sollten loslassen können und die ständige Erreichbarkeit hinterfragen.

Wir sitzen oft in Online-Meetings, in denen wir nichts beizutragen haben. Wir gehen von einer Webkonferenz in die nächste, und das oft bis spät abends. Videoanrufe sind für uns körperlich und geistig anstrengender. Sie schränken unsere Bewegungsfreiheit drastisch ein, da wir gezwungen sind, immer an einem Platz zu sitzen. Wie bereits erwähnt, untersuchte Professor Jeremy Bailenson vom Stanford Virtual Human Interaction Lab (VHIL) die psychologischen Folgen und Ursachen von Ermüdung durch die ständige Nutzung von Videokonferenzplattformen. Sowohl die übermäßige Menge an Augenkontakt, die wir während Videochats haben, als auch die Größe der Gesichter auf den Bildschirmen ist unnatürlich und hat eine Stress auslösende Wirkung auf uns. Wenn das Gesicht einer Person im realen Leben so nah an unserem ist, interpretiert unser Gehirn dies als eine sehr intensive Situation und sendet Stresssignale aus. Sich selbst in Videochats in Echtzeit ständig wie in einem Spiegel zu sehen, wirkt ebenfalls sehr ermüdend. Auch die kognitive Belastung ist bei Videochats viel höher. Das liegt daran, dass wir uns mehr anstrengen müssen, um nonverbale Signale zu senden und zu empfangen. Unser Gehirn hat mehr Mühe, nonverbale Hinweise wie Mimik und Körpersprache zu verarbeiten, was es schwierig macht, sich während des Gesprächs zu entspannen.

Führungskräfte sind gefragt, eine gesunde Meeting-Kultur zu entwickeln, um diesen digitalen Stress und die Bildschirmarbeitszeit zu reduzieren. Sie sollten bei jeder Webkonferenz hinterfragen, ob diese wirklich notwendig ist, ob Audio nicht doch ausreicht, oder ob sogar besser asynchron gearbeitet werden kann. Webkonferenzen sind erforderlich, wenn ein Problem gemeinsam bearbeitet wird, wenn Screensharing notwendig ist oder wenn es bei kritischen Gesprächen auf Mimik und Gestik ankommt.

Sie sollten alle Teamprozesse neu überdenken: Was kann asynchron erledigt und bearbeitet werden? Wo wird synchrone Abstimmung und Kommunikation benötigt? Synchrones Zusammenarbeiten bleibt weiterhin wichtig für Teambildung, Vertrauensaufbau, Ideenaustausch und gemeinsame Kreation. Für eine produktive hybride Arbeitsumgebung heißt die Tendenz asynchrones Arbeiten (siehe Kapitel 4).

Ablenkung durch digitale Mediennutzung

Immer wieder hören wir aus Unternehmen, dass junge Mitarbeiter mit digitalen Medien und Tools bezüglich des Nutzungsverhaltens kompetenter sind. Die Studie für das »Hochschulforum Digitalisierung« widerlegt dies.[87] Der Autor Markus Deimann stellt mit seinen Kollegen fest:

> »Es ist ein Mythos, dass heutige Studierende digital kompetent sind.«

Daher sind auch die jüngeren Generationen besonders anfällig für die Risiken von Mediennutzung.

Die ständige und nicht angepasste Nutzung und Ablenkung von Medien und Technologie überlastet und überfordert uns. Die Ablenkung wartet in jeder freien Sekunde der Arbeit und jeder noch so kleinen Arbeitspause. Schnell die E-Mails oder das Chatprogramm auf dem Handy zu checken gehört für viele zur neuen Selbstverständlichkeit. Dazu kommen zahlreiche Push-Benachrichtigungen, die ständig das störungsfreie Arbeiten unterbrechen.

Das ist zu beobachten, wenn Menschen ständig in sozialen Netzwerken unterwegs sind und neue Nachrichten, Likes, Bilder und Videos checken. Das Smartphone bleibt Tag und Nacht eingeschaltet, um stets für den nächsten Serotonin-Kick erreichbar zu sein. Diese Situation ist repräsentativ für das sogenannte FOMO-Syndrom (engl.: Fear Of Missing Out).

> Digital-Mental-Fitness erfordert Fähigkeiten für den verantwortungsvollen Umgang mit digitalen Medien.

Chris Bailey fasst das ausufernde Ablenkungspotenzial in seinem Buch »Hyperfocus – Wie man weniger arbeitet und mehr erreicht« zusammen und gibt Tipps, wie man seine Produktivität und Kreativität deutlich steigern kann. Ausgangspunkt sind mehrere Studien[88], die zeigen, dass wir an einem Arbeitstag durchschnittlich 566-mal zwischen Computeranwendungen hin- und herklicken. Durchschnittlich alle 40 Sekunden wechseln wir zwischen verschiedenen Aufgaben.

Besonders folgenreich sind Unterbrechungen durch völlig andere Dinge. Im Schnitt dauert es 25 Minuten, bis wir geistig wieder voll dort anknüpfen können, wo wir unterbrochen wurden. Bevor wir wieder zu unserer ursprünglichen Arbeit zurückkehren, beschäftigen wir uns im Schnitt mit 2,26 anderen Aufgaben (Multitasking).

Digitale Fitness erfordert Fähigkeiten der Konzentration, Disziplin und Fokussierung auf die Arbeitsergebnisse. In Kapitel 5 haben wir ausführlich die Themen Ablenkung und Aufmerksamkeit und den daraus resultierenden Produktivitätsverlust beschrieben.

Was muss ich als Führungskraft jetzt tun?

Digitale Fitness betrifft auch neue Erscheinungen und Phänomene in verschiedenen Bereichen:

1. Optimieren des persönlichen Nutzungsverhaltens von digitalen Medien
2. Entwicklung einer Vorbildfunktion für die betriebliche digitale Mediennutzung
3. Vermeidung ständiger Erreichbarkeit und Einrichtung von Fokus-Arbeitszeiten
4. Reduzieren von Bildschirmarbeitszeit
5. Etablieren einer besseren Meeting-Kultur

Dazu erhalten Sie mit den folgenden Checklisten Hilfestellungen.

Checkliste 1: Tipps zur Reduzierung digitaler Ablenkungen

1. Schalten Sie das Smartphone und alle Kommunikationskanäle am Computer zu festen Zeiten aus (z. B. täglich 15–17 Uhr oder freitags ganztags). Teilen Sie Ihre aktiven Kommunikationszeiten dem Team mit.
2. Nutzen Sie bei wichtigen und dringenden Aufgaben und Besprechungen den »Nicht-stören-Modus«, über den alle mobilen Geräte verfügen.

3. Konzentrieren Sie sich auf eine Aufgabe (z. B. Pomodoro-Technik)
4. Checken Sie nur zu fest definierten Zeiten Ihre E-Mails, und nicht »on the fly«.
5. Zurück zu den Wurzeln. Wie haben Sie eigentlich vor der Smartphone-Zeit gearbeitet? Dieser Gedanke kann inspirieren, jeden Tag Zeitspannen ohne mobile Endgeräte einzuplanen.
6. Installieren Sie Apps und Erweiterungen für die Browser, die Sie davon abhalten, zu viel Arbeitszeit beim privaten Surfen oder in sozialen Netzwerken zu verschwenden (z. B. Freedom, Stayfocusd)
7. Greifen Sie wieder öfter zum Füller. Mitschreiben per Hand verbessert die Informationsverarbeitung im Gehirn. Der Laptop spart nur scheinbar Zeit.

Checkliste 2: Reduzieren Sie die Anzahl von Meetings und die Bildschirmzeit

Hinterfragen Sie den Einsatz und die Notwendigkeit von Online-Meetings:

- Ist dieses Treffen notwendig?
Wenn ja, dann fragen Sie:
- Muss es ein Videoanruf sein?
- Muss es länger als 30 Minuten dauern?
- Welche Teilnehmer sind unbedingt notwendig? Wer muss sich beteiligen?
- Können wir eine reine Audio-Telefonkonferenz für eine dringend benötigte Bildschirm-Pause machen?
- Beginnen Sie Meetings mit einem Check-in: Wie geht es den Teilnehmern?
- Achten Sie auf genügend Pausen zwischen den Meetings im Kalender
- Führen Sie meetingfreie Tage ein

Checkliste 3: Initiative und Führung von Mitarbeitergesprächen zur Bildschirmarbeitszeit und zu digitalem Stress

Die Bundesanstalt für Arbeitsschutz und Arbeitsmedizin und die BKK-Initiative »Neue Qualität der Arbeit« haben dazu einen praxisbewährten Gesprächsleitfaden verfasst:

- Vereinbaren Sie ein Gespräch zu einem Termin, an welchem niemand der Gesprächspartner gestört wird. Ein Gespräch mitten in der Pause einer Videokonferenz ist nicht zielführend.
- Stellen Sie offene Fragen und fragen Sie den Mitarbeiter, wie es ihm geht. Dabei können Sie ruhig Ihre Verunsicherung zum Ausdruck bringen. Das schafft Vertrauen zu Anfang des Gesprächs.
- Sprechen Sie klar und respektvoll aus, was Sie beobachten. Vermeiden Sie dabei Interpretationen. Gut geeignet sind Formulierungen wie: »Mir ist aufgefallen, dass ...«. Verzichten Sie auf Verallgemeinerungen und Beurteilungen, bleiben Sie stattdessen konkret und sachlich.
- Beschreiben Sie, wie Ihre Beobachtungen auf Sie wirken, und erklären Sie, dass Sie den Mitarbeiter deshalb angesprochen haben.
- Zeigen Sie, dass Sie an der Sicht des Mitarbeiters zu diesem Thema interessiert sind, und fragen Sie ihn nach seiner Einschätzung. Stellen Sie offene Fragen und ermuntern Sie Ihren Mitarbeiter, zu erzählen, was los ist.
- Hören Sie aufmerksam zu und versuchen Sie herauszufinden, ob sich Ihre Wahrnehmung bestätigt hat und tatsächlich eine psychische Belastungssituation hinter dem Verhalten Ihres Mitarbeiters sichtbar wird.
- Sprechen Sie Ihre Besorgnis an und formulieren Sie Ihre Bereitschaft zur Unterstützung.

Checkliste 4: Sensibilisierung und Vermeidung
ständiger Erreichbarkeit

Dies gilt insbesondere für die Erreichbarkeit außerhalb der regulären Arbeitszeiten.

- Gehen Sie mit arbeitsbezogener Erreichbarkeit offen um.
- Setzen Sie bewusst Grenzen, um ständige Erreichbarkeit zu vermeiden.
- Sprechen Sie die Trennung von Beruf und Freizeit aktiv an.
- Schaffen Sie transparente und verbindliche Regeln.
- Organisieren Sie die synchrone und asynchrone Zusammenarbeit in Balance, analysieren Sie dazu Ihre Prozesse (siehe Kapitel 4).
- Formulieren Sie mit Ihrem Team Erwartungen an die Mindest-Erreichbarkeit im Team.
- Fördern Sie Fähigkeiten für die Selbstorganisation in Ihren Teams.

Zehn Leitthesen für die Zukunft der Arbeit:

1. Büro-Führungsverhalten lässt sich nicht eins zu eins in die digitale Welt übertragen.
2. Der Kontroll-Irrtum hindert Führungskräfte daran, das Potenzial ihrer Teams einzusetzen.
3. Mitarbeiterführung ist ein Auslaufmodell mit Bremsspuren.
4. Die Führung von bürofernen Mitarbeitern braucht nicht mehr Technik, sondern mehr Menschlichkeit.
5. Digitale Fitness ist Alltagsaufgabe für den Chef.
6. Digital-Native-Mitarbeiter sind nicht die alleinigen Treiber für Digitale Fitness im Unternehmen.
7. Die steigende Technisierung von Arbeit wird zum Emotionskiller Nr. 1.
8. Je digitaler der Arbeitsplatz, desto mehr müssen wir uns um die Mitarbeiter kümmern.

9. Je digitaler Mitarbeiter geführt werden, desto wichtiger werden die Bedürfnisse der Mitarbeiter.
10. Komplexität wird durch Technologieeinsatz nicht reduziert.

DANKSAGUNG

Wir danken unseren Gesprächspartnern, die uns vor und während der Manuskripterstellung für ein Gespräch zur Verfügung standen. Einige dieser Gespräche sind unter dem Podcast-Kanal »Profcast« in den bekannten Podcast-Kanälen aufrufbar. Dazu gehören die Gesprächspartner Dr. Kai Romhardt, Dr. Christian Kugelmeier, Christian Holz, Prof. Dr. Gunther Dueck, Prof. Dr. Gerald Hüther, Roman Jaburek und andere. Die Thesen und Inhalte des Buches wurden während Manuskripterstellung in den virtuellen Treffen des Premium Leaders Club mit Managern und Führungskräften diskutiert. Der Dank gilt den Initiatoren Tanja Hacker und Alexander Schungl.

LITERATURVERZEICHNIS

Alini, M. (2016): Was ist digitale Kompetenz?, in: https://www.digitalexpert.ch/digital-marketing/was-ist-digitale-kompetenz/ (Stand: 28.08.2017)

Appelo, J. (2010): Management 3.0: Leading Agile Developers, Developing Agile Leaders. Addison-Wesley Signature Series, Cohn

Armitage, R., Nellums, L. B. (2020): COVID-19 and the consequences of isolating the elderly. Lancet Public Heal 5, e256

Arps, W., Lüerßen, H., Mikula, D., Naumann, F., Ohlsen, A., Stickling, E. (2020): BGM im Mittelstand 2019/2020. Das Betriebliche Gesundheitsmanagement in Zeiten der digitalen Transformation. Eine Studie der Zeitschrift Personalwirtschaft. https://www.ias-gruppe.de/ueber-ias/studien/studie-bgm-im-mittelstand-2019/2020 (15.01.2021; 15.55)

Auerbach, R., Mortier, P., Bruffaerts, R., Alonso, J., Benjet, C., Cuijpers, P., Demyttenaere, K., Ebert, D., Green, J., Hasking, P., Murray, E., Nock, M., Pinder-Amaker, S., Sampson, N., Stein, D., Vilagut, G., Zaslavsky, A. & Kessler R. (2018): WHO World Mental Health Surveys International College Student Project: Prevalence and distribution of mental disorders. Journal of Abnormal Psychology, 127 (7): 623–38.

Axelrod, R. (2009): Die Evolution der Kooperation. 7. Auflage. De Gruyter Oldenbourg

Bailenson, J. (2021): Untersuchung der psychologischen Auswirkungen bei der Nutzung von Videokonferenzplattformen, Stanford Virtual Human Interaction Lab (VHIL)

Balkundi, P., Harrison, D.A. (2016): Ties, Leaders, and Time in Teams: Strong inference about network structure's effects on team viability and performance: »Erratum«, The Academy of Management Journal 49(1): 49–68

Bangali, Y. (2020): Corona – Beschleuniger virtuellen Arbeitens? https://www.iao.fraunhofer.de/de/presse-und-medien/aktuelles/corona-beschleuniger-virtuellen-arbeitens.html (12.04.2021, 06:22)

Bertelsmann Stiftung (2019): Arbeit 2050: Drei Szenarien. Neue Ergebnisse einer internationalen Delphi-Studie des Millennium Project. https://bertelsmann-stiftung.de (30.11.2020, 13:39)

Blount, S., Leinwand, P. (2020): Purpose. Warum sind wir hier? https://www.manager-magazin.de/harvard/strategie/purpose-so-entwickeln-und-vermitteln-sie-ein-starkes-statement-a-00000000-0002-0001-0000-000168896736

Calmbach, M., Borgstedt, S., Borchard, I., Thomas, P. M. & Flaig, B. B. (2016): Wie ticken Jugendliche 2016?, Lebenswelten von Jugendlichen im Alter von 14 bis 17 Jahren in Deutschland. doi:10.1007/978-3-658-12533-2.

Cartwright, D., Zande, A. (1968): Group dynamics; research and theory, New York, Harper & Row

Moss, J. (2021): Chronic stress was rampant even before the pandemic. Leaders can't ignore it any longer. https://hbr.org/2021/02/beyond-burnedout?utm_medium=email&utm_source=bigidea_burnoutcrisis&utm_campaign=promo_20210211&utm_content=actsubs&deliveryName=DM118574 (30.03.2021, 06:22)

Citrix (2020): Wie Unternehmen die Employee Experience stärken. Ergebnis-Infografik. https://www.citrix.com/content/dam/citrix/en_us/documents/news/wie-unternehmen-die-employee-experience-starken-de.pdf (29.01.2021, 09:30)

Citrix (2019): König Kunde? Königin Mitarbeiter! Eine Befragung durchgeführt von »The Economist Intelligence Unit (EIU)«, gesponsert von Citrix Systems. https://www.citrix.com/content/dam/citrix/en_us/documents/news/wie-unternehmen-die-employee-experience-starken-de.pdf (29.01.2021, 09:30)

Civey (2020): Vorschau Gesundheitsapps. Online-Umfrage bei 3225 Online-Nutzern im Zeitraum von 04.06.2020–4.09.2020 . https://app.civey.com/dashboards/vorschau-gesundheitsapps-2453 (16.01.2021, 06:02)

Cloots, A. (2020): Digitale Kompetenzen: Welche es braucht und wie man sie erlernt. Ein Forschungsbeitrag, in: S. Wörwag, A. Cloots (Hrsg.), Human Digital Work – Eine Utopie?, Wiesbaden: Springer, S. 256–268.

Convios Consulting (2020): Studie Deutschland Digital 2020 (slideshare.net) (14.03.2021, 11.11)

DAK (2020): Digitalisierung und Homeoffice in der Corona-Krise – Sonderanalyse zur Situation in der Arbeitswelt vor und während der Pandemie. https://www.dak.de/dak/download/folien-2295280.pdf

Davis, F. (1985): A technology acceptance model for empirically testing new end-user information systems – theory and results, PhD thesis, Massachusetts Institute of Technology.

DDI (2021): Globale Führungsprognose 2021. https://www.ddiworld.com/global-leadership-forecast-2021 (04.04.2021, 08:22)

De Smet, A., Rubenstein, K., Schrah, G., Vierowund, M., Edmondso, A. (2021): Psychological safety and the critical role of leadership development. https://www.mckinsey.com/business-functions/organization/our-insights/psychological-safety-and-the-critical-role-of-leadership-development (30.03.2021, 08:33)

Deimann, M., Friedrich, J-D., Neubert, P., Stelter, A. (2020): Das digitale Sommersemester 2020: Was sagt die Forschung? https://hochschulforumdigitalisierung.de/sites/default/files/dateien/kurz_und_kompakt-Das_digitale_Sommersemester_2020.pdf (20.12.2020, 07:34)

DGFP (2016): Führen im digitalisierten Unternehmen. Ergebnisse aus Expertenkreisen im Rahmen eines BMWi-geförderten Forschungsprojekts. Deutsche Gesellschaft für Personalführung e. V. Publikationsreihe DGFP-PraxisPapiere

DGUV (2019): Arbeiten 4.0: Informationsüberlastung oft in Unternehmenskultur verwurzelt. Ein Interview der Deutschen Gesetzlichen Unfallversicherung e.V. (DGUV) mit dem internationalen Experten für »Information Overload« Nathan Zeldes. https://topeins.dguv.de/verantwortlich-fuehren/informationsflut-information-overload-interview-nathan-zeldes/ (26.02.2021, 06:02)

DIHK (2020): DIHK-Konjunkturumfrage Herbst 2020. Langer Aufholprozess für die deutsche Wirtschaft. Deutscher Industrie- und Handelskammertag e. V. https://www.dihk.de/resource/blob/31958/578b82d7cdb131066c505341f0aef46c/dihk-konjunkturumfrage-herbst-2020-kurzfassung-data.pdf (28.01.2021, 06:11)

Dirks, K. T., Ferrin, D. L. (2001): The Role of Trust in Organizational Settings. Organization Science. https://pubsonline.informs.org/doi/abs/10.1287/orsc.12.4.450.10640 (25.1.2021, 05:30)

Döring, F., Meser, M. (2013): Warum drei von vier virtuellen Teams scheitern. Executive-Wissen. Rochus Mummert

Dörner, D. (2003): Die Logik des Misslingens. Strategisches Denken in komplexen Situationen. Rowohlt Taschenbuch: 16. Auflage

Dörner, D. (2005): Industrial Ecology – Management von Komplexität (Institut für Theoretische Psychologie, Universität Bamberg) – Vortrag an der Uni Bremen am 29.06.2005. https://mlecture.uni-bremen.de/ml/index.php?option=com_mlplayer&template=ml2&mlid=359 (07.02.2021)

Ebel, O. (2019): Teamwork IT & HR. Wie Unternehmen die Employee Experience stärken. https://www.computerwoche.de/a/wie-unternehmen-die-employee-experience-staerken,3547332 (29.01.2021, 09:00)

Edding, C., Kraus, W. (Eds.) (2006): Ist der Gruppe noch zu helfen? Gruppendynamik und Individualisierung. Opladen: Verlag Barbara Budrich. doi:10.2307/j.ctvhhhgp7

Emmett, J., Schrah, G., Schrimper, M., Wood, A. (2020): COVID-19 and the employee experience: How leaders can seize the moment. Befragung in den ersten beiden Märzwochen 2020. https://www.mckinsey.com/business-functions/organization/our-insights/covid-19-and-the-employee-experience-how-leaders-can-seize-the-moment (28.1.2021, 09:02)

Erpenbeck, J., Sauter, W. (2017): Handbuch Kompetenzentwicklung im Netz: Bausteine einer neuen Lernwelt, Schäffer-Poeschel Verlag, 2017

Eurostat (2021): Anteil der Bevölkerung in Deutschland, die das Internet für das Versenden und Empfangen von E-Mails nutzen in den Jahren 2002 bis 2020. https://ec.europa.eu/eurostat/databrowser/view/tin00094/default/table?lang=de (12.03.2021, 06:11)

Eversloh, S. (2020): So gelingt die Führung aus der Ferne. Wirtschaftswoche Online. https://www.wiwo.de/erfolg/management/homeoffice-so-gelingt-die-fuehrung-aus-der-ferne/25746176.html (13.03.2021, 12:11)

Fassing, P. (2020): Wandel der Arbeitswelt. Das ist ein Trend, der nicht vorbeigehen wird. Interview mit Niculae Cantuniar, CEO Ricoh Deutschland. https://www.it-zoom.de/it-director/e/das-ist-ein-trend-der-nicht-vorbeigehen-wird-27207/ (15.12.2020, 07:46)

Festinger, L., Schachter, S. & Back, K. (1950): Social pressures in informal groups; a study of human factors in housing. Harper.

Fraunhofer IAO, Deutsche Gesellschaft für Personalführung (DGFP), Corona – Beschleuniger virtuellen Arbeitens? aus »Arbeiten in der Corona-Pandemie – Auf dem Weg zum New Normal«, 2020

Frazier, M. L., Fainshmidt, S., Klinger, R., Pezeshkan, A., Vracheva, V. (2017): Psychological Safety: A Meta-Analytic Review And Extension

Gallup (2019): Engagement Index Deutschland 2019. https://www.gallup.com/de/engagement-index-deutschland.aspx (21.1.2021, 8:45)

Gartner (2020): The Modern Employee Experience: Increasing the Returns on Employee Experience Investments. https://emtemp.gcom.cloud/ngw/globalassets/en/human-resources/documents/trends/the-modern-employee-experience-increasing-the-returns-on-employee-experience.pdf (31.01.2021, 06:12)

Grabher, J., Grawehr, M. (2020): Social Skills: Die Schlüsselkompetenzen der Führungskräfte im Zeitalter der Digitalisierung. Ein Praxisbeitrag, in: S. Wörwag, A. Cloots (Hrsg.), Human Digital Work – Eine Utopie?, Wiesbaden: Springer, S.163–176

Grobe, T., Steinmann, S., Szecsenyi, J. (2018): Barmer-Arztreport 2018. Schriftenreihe zur Gesundheitsanalyse (Bd. 7). Siegburg: Müller Verlagsservice e.K. Online: https://www.barmer.de/blob/144368/08f7b513fd b6f06703c6e9765ee9375f/data/dl-barmer-arztreport-2018.pdf (28.12.2020; 12:39)

Gulla, D., Laloux, F. (2020): Reinventing Organizations: A Guide to Creating Organizations Inspired by the Next Stage in Human Consciousness. NHRD Network Journal

Half, R. (2019): Arbeitsmarktstudie. Befragung von 1709 Führungskräften in Kontinentaleuropa & UK im Zeitraum Dezember 2018/Januar 2019 durch das Marktforschungsinstitut Rigour Research sowie 3618 Führungskräften in Kontinentaleuropa & UK zu Arbeitsmarktthemen. https://computerwelt.at/news/topmeldung/digital-leadership-was-von-fuehrungskraeften-erwartet-wird/ (05.02.2021, 12:33)

Hammer, M., Champy, J. (2006): Reengineering des Unternehmens. Ein Manifest für die Geschäftsrevolution. Collins Business Essentials

Handke, L. E., Klonek, F. E., Parker, S. K., Kauffeld, S. (2020): Interactive Effects of Team Virtuality and Work Design on Team Functioning. Small Group Research

Haufe (2020): 52,1 Prozent glauben, dass die psychische Gesundheit im Homeoffice leidet. Zahl der Woche, Präsentation der Ergebnisse einer repräsentativen Umfrage des Meinungsforschungsinstituts Civey im Auftrag des Bundesministeriums für Bildung und Forschung (BMBF). https://www.haufe.de/personal/hr-management/zahl-der-woche-psychische-gesundheit-im-homeoffice_80_522118.html (16.01.2021, 06:07)

Haufe (2020b): 42,4 Prozent glauben, dass der Teamzusammenhalt sinken wird. Zahl der Woche, Präsentation der Ergebnisse einer repräsentativen

Literaturverzeichnis

Umfrage des Meinungsforschungsinstituts Civey im Auftrag des Bundesministeriums für Bildung und Forschung (BMBF). https://www.haufe.de/personal/hr-management/sinkt-durch-online-interaktion-der-teamzusammenhalt_80_524086.html (21.01.2021, 06:07)

Hauptmann, M., Vossen, I. (2020): Chefsache: Mit Digital Leadership die Zukunft gestalten. https://www2.deloitte.com/de/de/pages/human-capital/articles/digital-leadership.html (28.11.2020, 08:34)

Heidrich, J., Bauer, P., Krupka, D. (2018): Ansätze zur Vermittlung von Data-Literacy-Kompetenzen, Hochschulform Digitalisierung, Nr. 47, September, S. 25ff.

Hofmann, J., Piele, A. (2020): Arbeiten in der Corona-Pandemie – Auf dem Weg zum New Normal. Studie des Fraunhofer-Instituts für Arbeitswirtschaft und Organisation IAO mit der Deutschen Gesellschaft für Personalführung DGFP e. V.

Hofmann, J., Ricci, C., Schwarz, R., Wienken, V. (2020): Erfolgskriterien betrieblicher Digitalisierung. Eine Studie der Bertelsmann Stiftung und des Fraunhofer-Instituts für Arbeitswirtschaft und Organisation IAO. www.bertelsmann-stiftung.de

Holz, C. (2021): Über digitale Hoffnungen und Enttäuschungen in Deutschland und Österreich. Im Podcast-Gespräch mit Gerald Lembke am 15.01.2021. https://podcasts.apple.com/de/podcast/profcast-digitalprof-dr-gerald-lembke/id1048634934?i=1000505424950 (21.03.2021, 06:23)

Hornung, S. (2019): Holakratie bei Hypoport. In Kreisen wachsen. In: Wirtschaft und Weiterbildung. Ausgabe 07/08-2019. S. 26–31. https://www.haufe.de/download/wirtschaft-weiterbildung-ausgabe-07082019-wirtschaft-weiterbildung-492750.pdf (16.12.2020, 15:33)

IDC/Seagate (2019): Data-Readiness-Index: Sind Unternehmen bereit für die Datenflut?

Initiative Neue Qualität der Arbeit (2015): Kein Stress mit dem Stress – Lösungen und Tipps für Führungskräfte und Unternehmen. Mit vielen

Arbeitshilfen und Praxisbeispielen. Im Auftrag der Bundesanstalt für Arbeitsschutz und Arbeitsmedizin und der BKK.

KKH Kaufmännische Krankenkasse (2020): Deutlich mehr Fälle von Erkältungskrankheiten und psychischen Leiden in der Corona-Krise. Online: https://www.kkh.de/presse/pressemeldungen/krankenstand-corona (01.12.2020, 12:34)

Knieps, F., Pfaff, H. (Hrsg.) (2020): BKK Gesundheitsreport 2020. Mobilität – Arbeit – Gesundheit. Online: https://www.bkk-dachverband.de/fileadmin/Artikelsystem/ (01.12.2020, 12:55)

Kroker, M. (2020): Digitale Transformation: Die Mär von der Blitzdigitalisierung durch Corona. https://www.wiwo.de/technologie/digitale-welt/digitale-transformation-die-maer-von-der-blitzdigitalisierung-durch-corona/26729564.html (28.12.2020, 07:13)

Kropp, B. (2021): 9 Trends That Will Shape Work in 2021 and Beyond. https://hbr.org/2021/01/9-trends-that-will-shape-work-in-2021-and-beyond?utm_medium=email&utm_source=newsletter_daily&utm_campaign=dailyalert_notactsubs&deliveryName=DM114725 (15.01.2021, 14:40)

Kuch, A. (2019): Ablenkung total: Das Gehirn im digitalen Dauerstress. https://www.teltarif.de/smartphone-ablenkung-dauerstress-gehirn-forscher/news/77287.html?page=all (03.04.2021, 09:00)

Kununu.de (2021): Arbeitgeberbewertungen, Gehaltsdaten und Kulturbewertungen von denen, die es am besten wissen: Mitarbeiter und Bewerber. https://www.kununu.com/de/info/impressum (30.01.2021, 18:33)

Kunze, F., Hampel, K., Zimmermann, S. (2020): Homeoffice in der Corona-Krise – eine nachhaltige Transformation der Arbeitswelt? https://www.polver.uni-konstanz.de/kunze/konstanzer-homeoffice-studie/ (14.03.2021, 07:12)

Laloux, F. (2016): Reinventing Organizations: A Guide to Creating Organizations Inspired by the Next Stage in Human Consciousness

Lembke, G. (2004): Die Lernende Organisation als Konzept einer entwicklungsfähigen Unternehmung. Marburg: Tectum-Verlag

Lembke, G. (2011): Die Lernende Organisation als Grundlage einer entwicklungsfähigen Unternehmung. Tectum

Lembke, G. (2021): Digital Leadership? Nicht nur etwas für Großkonzerne! Podcast. https://gerald-lembke.de/digital-leadership-nicht-nur-etwas-fur-groskonzerne-fur-mittelstand/ (04.02.2021, 07:34)

Lembke, G., Kugelmeier, C. (2021): Digital Leadership. Wo liegt der Schmerz? Podcast-Gespräch am 03.02.2021 mit dem Geschäftsführer der Vorsprungatwork GmbH in Weinheim. URL: https://gerald-lembke.de/der-ewige-abnutzungskampf-in-unternehmen/ (01.06.2021, 15:23)

Levitt, S. D., Dubner, S. J. (2011): SuperFreakonomics: Global Cooling, Patriotic Prostitutes, and Why Suicide Bombers Should Buy Life Insurance. Harper, International Edition. TB

Liebermeister, B., Merke, P. (2019): Führungskompetenzen im digitalen Zeitalter. IFIDZ-Meta-Studie 2019

Linssen, J., Neves, A. (2020): Social Collaboration Maturity – Benchmark Report 2020. https://orangetrail2.sharepoint.com/sites/Storematurityscanreport/Shared%20Documents/Forms/AllItems.aspx?id=%2Fsites%2FStorematurityscanreport%2FShared%20Documents%2FSocial%20maturity%20scan%20report%202020%2Epdf&parent=%2Fsites%2FStorematurityscanreport%2FShared%20Documents&p=true&originalPath=aHR0cHM6Ly9vcmFuZ2V0cmFpbDIuc2hhcmVwb2ludC5jb20vOiI6L3MvU3RvcmVtVtYXR1cml0eXNjYW5yZXBvcnQvRWFIR0NPTGFqTTVKbC0wwOHpTWExIMzhCdjJkbG5sWV9TT1dyUERvRHRlZG1ndz9ydGltZT1wcEw0RTNleDJFZw (05.01.2021, 11:23)

Lorenz, M. (2015): New CareerBuilder Survey Reveals the Most Common and Strangest Productivity Killers at Work http://press.careerbuilder.com/2015-06-11-New-CareerBuilder-Survey-Reveals-the-Most-Common-and-Strangest-Productivity-Killers-at-Work (16.01.2021)

Luhmann, N. (2014). Vertrauen (5. Aufl.). Konstanz, München: UVK.

Management 3.0: Redefining leadership: managing the system, not the people, https://management30.com

Mai, J. (2020): Videokonferenz: Die 7 besten Gratis-Tools. https://karrierebibel.de/videokonferenz/ (28.12.2020, 13:12)

Malczok, M., Kirchhoff, S. (2019): Digitalisierung und Partizipation – Brauchen wir ein neues Skill Set für Führungskräfte? Springer

Meaney, M. (2021): Fit for the postpandemic future: Unilever's Leena Nair on reinventing how we work. Im Interview mit Leena Nair. https://www.mckinsey.com/business-functions/organization/our-insights/fit-for-the-postpandemic-future-unilevers-leena-nair-on-reinventing-how-we-work?cid=other-eml-alt-mip-mck&hdpid=02e575d4-e2ff-4eca-8bf6-550d4afb2a2a&hctky=12630598&hlkid=e52865e53e2f43449754fe77978b4274# (24.03.2021, 07:22)

McAfee, B., Quarstein, V., Ardalan, A. (1995). The effect of discretion, outcome feedback, and process feedback on employee job satisfaction. Industrial Management & Data Systems, 95(5), 7–12.

McGrath, P., Wozney, L., Rathore, S. S., Notarianni, M., Schellenberg, M. (2018): Toolkit for e-Mental Health Implementation. Mental Health Commission of Canada. Ottawa, ON.

Moss, J. (2020): Preventing Burnout Is About Empathetic Leadership. https://powell-software.com/en/digital-wellbeing-and-the-digital-workplace/ (15.01.2021, 12:13)

Moss, J. (2021): Beyond Burned Out, https://hbr.org/2021/02/beyond-burned-out?utm_medium=email&utm_source=bigidea_burnoutcrisis&utm_campaign=promo_20210211&utm_content=actsubs&deliveryName=DM118574 (23.04.2021)

Mullen, B., Copper, C. (1994): The relation between group cohesiveness and performance: An integration. Psychological Bulletin, 115(2), 210–227.

Mütze-Niewöhner, S., Hacker, W., Hardwig, T., Kauffeld, S., Latniak, E., Nicklich, M., Pietrzyk, U. (2021): Projekt- und Teamarbeit in der digitalisierten Arbeitswelt. Herausforderungen, Strategien und Empfehlungen. Berlin, Heidelberg: Springer

Neue Qualität der Arbeit (2020): Offener Umgang mit psychischer Gesundheit. Aktuelle Ergebnisse einer Bevölkerungs- und Beschäftigtenbefragung. https://www.inqa.de/SharedDocs/downloads/monitor-offener-umgang-mit-psychischer-gesundheit.pdf;jsessionid=CBD6CF7DDF4BD27EC545717CF71CF368.delivery2-master?__blob=publicationFile&v=3 (08.12.2020, 13:09)

Nier, H. (2019): Fast jeder ist am Arbeitsplatz abgelenkt. Studie Yougov in Zusammenarbeit mit Statista. 1079 erwerbstätige Personen ab 18 Jahren wurden mittels standardisierter Online-Interviews repräsentativ befragt, https://de.statista.com/infografik/17433/fast-jeder-ist-am-arbeitsplatz-abgelenkt/ (03.04.2021, 12:01)

Nink, M., Sinyan, P. (2021): 2 Decades of Low Engagement: How Germany Can Turn It Around. https://www.gallup.com/workplace/339842/decades-low-engagement-germany-turn-around.aspx (09.04.2021, 16:07)

Nopper-Pflügler, M. (2020): Virtuelle Teamarbeit. Verantwortung kann man nicht per E-Mail verschicken. Im Gespräch mit Dr. Beat Bühlmann, https://www.haufe.de/personal/hr-management/virtual-team-management-tipps-von-beat-buehlmann_80_472410.html (22.02.2021, 05:20)

OECD (2018): Hohe Kosten durch psychische Erkrankungen in Europa. Online: http://www.oecd.org/berlin/presse/hohe-kosten-durch-psychische-erkrankungen-in-europa-22112018.htm (01.12.2020)

Oracle and Future Workplace AI@Work (2019): From Fear to Enthusiasm. Artificial Intelligence Is Winning More Hearts and Minds in the Workplace. A Global Study. https://www.oracle.com/webfolder/s/assets/ebook/ai-work/index.html (08.12.2020, 13:08)

Perrot, C., Grauvogl, M., Bürkle, C. (2018): Die digitale Kompetenz der Generation X und Y. Eine Studie der DHBW Mannheim, Prüfungsleistung in der Studienrichtung Digitale Medien – Medienmanagement und Kommunikation (6. Sem. Bachelor).

Placke, B., Schleiermacher, T. (2018): Anforderungen der digitalen Arbeitswelt. Kompetenzen und digitale Bildung in einer Arbeitswelt 4.0. Studie im Auftrag des Bundesverbandes für Personalmanager e. V. (BPM)

Price Waterhouse Cooper, Strategy: Research »The crisis of Purpose«, veröffentlicht im Harvard Business Review »Why Are We Here?« https://hbr.org/2019/11/why-are-we-here, 2019

Publikationen/2020/Gesundheitsreport_2020/BKK_Gesundheitsreport_2020_web.pdf (28.12.2020, 13.44).

Ramachandran, V. (2021): Stanford researchers identify four causes for ›Zoom fatigue‹ and their simple fixes, https://news.stanford.edu/2021/02/23/four-causes-zoom-fatigue-solutions/?utm_content=158616465&utm_medium=social&utm_source=linkedin&hss_channel=lcp-1181999

Ricker, S. (2014): Infographic: The 10 biggest productivity killers at work. https://www.careerbuilder.com/advice/infographic-the-10-biggest-productivity-killers-at-work (03.04.2021, 06:33)

Robertson, B. J. (2016): Holacracy: Ein revolutionäres Management-System für eine volatile Welt, Vahlen: München

Rump, J., Brandt, M. (2020): Zoom-Fatigue. Eine Studie des Instituts für Beschäftigung und Employability IBE (Dezember 2020), https://www.ibe-ludwigshafen.de/wp-content/uploads/2020/12/Folien_IBE-Studie_Zoom-Fatigue_2-Phase.pdf (15.01.2021, 06:35)

Schlick, J. (2020): Digitalisierung 2020. https://www.staufen.ag/fileadmin/HQ/02-Company/05-Media/2-Studies/STAUFEN.AG_Studie_Digitaliserung_2020_web.pdf

Scholl, A., Sassenberg, K., Zapf, B., Pummerer, L. (2020): Out of sight, out of mind: Power-holders feel responsible when anticipating face-to-face, but not digital contact with others. In: Computers in Human Behavior. Volume 112

Schüller, K., Koch, H., Rampelt, F. (2021): Data-Literacy-Charta. https://www.stifterverband.org/charta-data-literacy (21.03.2021, 09:33)

Senge, P. (2017): Die fünfte Disziplin: Kunst und Praxis der lernenden Organisation. 11. Auflage. Schäffer-Poeschel

Sinek, S. (2018): Finde dein Warum: Der praktische Wegweiser zu deiner wahren Bestimmung. München: Redline

Staufen (2020): Digitalisierung 2020. https://www.staufen.ag/fileadmin/HQ/02-Company/05-Media/2-Studies/STAUFEN.AG_Studie_Digitalisierung_2020_web.pdf (03.04.2021, 06:22)

STEELCASE (2020): Steelcase Global Report. Mitarbeiterengagement und Arbeitsplätze in aller Welt. Wesentliche Erkenntnisse zur Steigerung der Leistung von Mitarbeitern und Teams und somit des ganzen Unternehmens. https://cdn2.hubspot.net/hubfs/1822507/2016-WPR/DE/SteelcaseGR_DE.pdf?__hstc=&__hssc=&hsCtaTracking=6b10d611-c2cb-4d11-b970-7dfb2801181c%7C065d5ff5-37ac-4e38-926f-aba62d2622b9

Toffler A. (1970): Future Shock. Random House

Tuckman, B. W. (1965): Developmental sequence in small groups. In: Psychological Bulletin. 63, S. 384–399

Venkatesh, V., Morris, M. G., Davis, G. B., Davis, F. D. (2003): »User Acceptance of Information Technology: Toward a Unified View«. MIS Quarterly. 27 (3): 425–478. doi:10.2307/30036540. JSTOR 30036540

Vieru, D. (2015): »Towards a multi-dimensional model of digital competence in small- and medium-sized enterprises«, in: Khosrow-Pour, M. (Ed.), Encyclopedia of Information Science and Technology, 3rd ed., IGI Global, Hershey, PA, pp. 6715–6725.

VMware (2020): 3 Reasons Employee Experience Is a Digital Transformation Priority. In: Radius: Stories at the Edge. Ein Contentangebot der VMware Inc. https://www.vmware.com/radius/employee-experience-digital-transformation-priority/ (30.01.2021, 06:11)

Wagner, D. J. (2018) Konkrete Umsetzungsempfehlungen auf dem Weg zum Digital Leadership. In: Digitale Führung. BestMasters. Springer Gabler, Wiesbaden. https://doi.org/10.1007/978-3-658-20127-2_6

Wintermann, O., Wintermann, B., Hoffmann, A. (Hrsg.) (2020): Erfolgskriterien betrieblicher Digitalisierung. Bertelsmann Stiftung. www.bertelsmann-stiftung.de

Zeldes, N. (2014): Solutions to Information Overload: The Definitive Guide

Zillmann, M., Ganowski, T. (2020): Der Markt für Digital Experience Services in Deutschland. Lünendonk-Studie, https://www.luenendonk.de/download/21529/ (10.02.2021, 07:30)

ÜBER DIE AUTOREN

Gerald Lembke gilt als pragmatischer Vor- und Nachdenker für Organisations- und Personalentwicklung. Er arbeitet als Hochschulmanager und -Professor, Buchautor und Vortragsredner. Seine Vorträge und Diskussionen erhalten beste Resonanzen. Er besitzt langjährige Führungserfahrung als digitaler (Medien-)Manager (Bertels-  mann SE), Inhaber-Geschäftsführer eines Beratungsunternehmens und Hochschulmanager. 2010 gründete der aus Niedersachsen stammende Norddeutsche den Studiengang Digitale Medien mit Schwerpunkt Medienmanagement und Kommunikation an der Dualen Hochschule Baden-Württemberg in Mannheim, den er seitdem leitet. Von ihm erscheint regelmäßig die Podcast-Serie »Profcast« bei iTunes & Co. Seine letzten Bücher, »Die Lüge der digitalen Bildung« (Redline, Koautor Ingo Leipner), »Verzockte Zukunft« (Beltz), »Im digitalen Hamsterrad« (medhochzwei) und »Die lernende Organisation« (Tectum) erbrachten hohe mediale Aufmerksamkeit.

Nadine Soyez verfügt über langjährige Erfahrungen im Coaching von Führungskräften in virtuellen und hybriden Beratungsformaten. Sie ist seit 2005 Management Consultant und hat viele Jahre lang als Projektmanagerin im Konzern und als Senior Consultant in namhaften Management- und IT-Beratungen in internationalen  virtuellen Teams und Projekten Erfahrungen gesammelt. Ihre Leidenschaft und Mission ist es, Unternehmen, Führungskräften und Teams zum Erfolg in der digitalen Arbeitswelt zu verhelfen. Ihre Erkenntnis: »COVID-19 war wie ein Sieb: Die Unternehmen, die es jetzt schaffen, sich zukunftsfähig und digital aufzustellen – nicht nur bezüglich Tools – werden zu den Gewinnern zählen. Alle anderen Unternehmen werden es sehr schwer haben, ihre Position zu behaupten. Unternehmen können nichts mehr aufschieben und müssen jetzt handeln.«

ENDNOTEN

1 Schlick 2020
2 Nink/Sinyan 2021
3 Wintermann 2020
4 DDI 2021
5 Staufen 2020
6 vgl. Erpenbeck, Sauter: Kompetenz im Umgang mit Informationen und Informationsmanagement, 2017
7 Lembke/Kugelmeier 2021
8 Befragt wurden 19 000 Berufstätige aus den Jahrgängen 1982 bis 1996 in 25 Ländern zu Karriere- und Führungsambitionen.
9 Lembke 2004
10 Senge 2017
11 siehe die ausführliche Darstellung in Kapitel 6 »Digital Trust und Teambuilding«
12 Aus dem Original: https://management30.com/practice/celebration-grids.
13 https://management30.com/practice/change-management-game.
14 Informationen zum ADKAR-Modell: https://www.prosci.com/adkar/adkar-model
15 siehe Management 3.0, management30.com
16 siehe https://management30.com/practice/delegation-poker
17 siehe https://management30.com/practice/meddlers

18 Siehe PwC's Strategy: Research »The crisis of Purpose«, veröffentlicht im Harvard Business Review »Why Are We Here?« https://hbr.org/2019/11/why-are-we-here, 2019
19 Eine von 163 Bewertungen des Unternehmens Clemens Kleine Gebäudeservice GmbH auf Kununu.com. https://www.kununu.com/de/clemens-kleine-dienstleistungen-clemens-kleine-gebaeudeservice/kommentare (12.03.2021, 06:33)
20 siehe dazu ausführlich in Kapitel 7 »Mental Health«
21 An dieser Stelle verweisen wir auch auf unser »Workshop-Design für Vertrauen und Motivation in hybriden/virtuellen Teams« (siehe Kapitel 6 »Hybrides Vertrauen und Teambuilding«).
22 Natürlich weiß die Psychologie auch, dass die Ausprägung vom Charakter des Einzelnen abhängt.
23 siehe PwC's Strategy: Research »The crisis of Purpose«, veröffentlicht im Harvard Business Review »Why Are We Here?« https://hbr.org/2019/11/why-are-we-here, 2019
24 Emmett et. al. 2020
25 Ebel 2019
26 »Technology Acceptance Model – TAM« (Davis 1985)
27 Venkatesh et al. 2003
28 Für die perfekte technische Ausstattung in einem Homeoffice gibt es eine Checkliste zum kostenfreien Download: https://Gerald-Lembke.de/homeoffice
29 Blount/Leinwand 2020
30 Gartner 2020
31 siehe https://management30.com/practice/moving-motivators/ – Das Spiel basiert auf dem Champfrogs-Modell und seinen zehn intrinsischen Wünschen. Jurgen Appelo – der Gründer von Management 3.0 – hat es aus den Arbeiten von Daniel Pink, Steven Reiss und Edward Deci entwickelt.
32 Kroker 2020

33 Eversloh 2020
34 Linssen/Neves 2020
35 Luhmann 1984
36 Rump/Brandt 2020
37 Kunze et al. 2020
38 Stanford Virtual Human Interaction Lab (VHIL, 2021)
39 Cloots, 2020
40 Ebd.
41 Nopper-Pflügler/Maxim 2020
42 Lembke 2020
43 Bühlmann im Gespräch mit Nopper-Pflügler (2020)
44 Alvin Toffler: Future Shock (1970). Hier wurde die englische Bezeichnung »Information overload« geprägt.
45 IDC/Seagate 2019
46 Siehe zur Aufrechterhaltung der geistigen Fähigkeiten Kapitel 7 »Mental Health«.
47 DGUV 2019
48 Dazu werden oft fünf Kompetenzbereiche für Informationsbeschaffung und Kommunikation/Kollaboration vor allem im schulischen Bereich genannt (Heidrich et. al 2018): 1. Konzeptioneller Rahmen, 2. Datensammlung, 3. Datenmanagement, 4. Datenevaluation, 5. Datenanwendung.
49 Malczok und Kirchhoff 2019
50 eine Übersicht zeigt Zeldes 2014
51 Schüller 2021
52 Niedzwiecka & Pan 2017
53 Ebd.
54 Liebermeister/Merke (2019) liefern Einblicke mit einer Metastudie. Demzufolge sind folgende Digitalkompetenzen für Führungskräfte wichtig: Übergreifendes technologisches Grundverständnis, IT-Kompetenz, Datenverständnis, Datenanalyse sowie fundiertes Wissen in den

Bereichen E-Commerce, Marketing, Social Media, Mobile, Big Data und digitale Technologien, Kommunikation mit digitalen Medien und in Social-Media-Plattformen.

55 Das Prinzip des Experimentierens haben wir in Kapitel 2 »Leadership, agiles Arbeiten und Mitarbeiterpotenziale« ausführlicher ausgearbeitet.
56 Die Podcasts von Gerald Lembke und Nadine Soyez u. a. bei iTunes: https://Gerald-Lembke.de/apple
57 https://www.linkedin.com/learning
58 siehe Abbildung »Welche Ziele verfolgen Sie mit der Digitalisierung ihres Betriebes«, Nennungen jeweils 54 %, Hofmann et al. 2020: 58
59 Weitere 18,4 Prozent glauben »eher ja«. 35 Prozent der Befragten sind hinsichtlich dieser Frage unentschieden. (Haufe 2020b)
60 Laloux 2016
61 Handke et al. 2020
62 Niklas Luhmann 2014
63 Dirks und Ferrin 2001
64 Festinger, L., Schachter, S. & Back, Social pressures in informal groups; a study of human factors in housing, 1950.
65 vgl. Dorwin Cartwright, Alvin Zande: Group dynamics; research and theory, 1968.
66 vgl. Mullen, B. & Copper, C.: The relation between group cohesiveness and performance: An integration, 1994.
67 vgl. Balkundi und Harrison 2006
68 »Zoom Fatigue« – Die Ermüdung durch virtuelle Meetings ...« 2020, https://buhr-team.com/zoom-fatigue-die-ermuedung-durch-virtuelle-meetings/, aufgerufen am 16 Januar 2021.
69 Arps et al. 2020
70 Ebd.
71 Hofmann/Piele 2020:16
72 »BGM im Mittelstand 2019«, Arps et. al 2020
73 Knieps & Pfaff, 2020

74 Armitage/Nellums 2020
75 KKH 2020
76 Moss 2020. Zu den Ursachen und Herausforderungen sind bereits in Kapitel 4 im Use Case 2 wichtige Punkte aufgeführt worden.
77 Ebd.
78 McKinsey Online-Umfrage 14.–29. Mai 2020, 1574 Teilnehmer, repräsentierend die gesamte Bandbreite an Regionen, Branchen, Unternehmensgrößen, funktionalen Spezialitäten und Betriebszugehörigkeiten.
79 Moss 2021
80 Scholl et al. 2020
81 Siehe ausführlicher das Kapitel »Teambuilding«.
82 Frazier et al. 2017
83 siehe https://achtsame-wirtschaft.de/
84 siehe die Übersicht hier: https://achtsame-wirtschaft.de/tiefer-austausch.html
85 Kuch 2019
86 vgl. Fraunhofer IAO, Deutsche Gesellschaft für Personalführung (DGFP), Corona – Beschleuniger virtuellen Arbeitens? aus »Arbeiten in der Corona-Pandemie – Auf dem Weg zum New Normal«, 2020
87 Deimann 2020
88 Die Studienergebnisse stammen von Gloria Mark, Professorin für Informationswissenschaften an der University of California in Irvine, und Mary Czerwinski, Principal Researcher bei Microsoft.

INDEX

A
ADKAR®-Modell 37
Alini 16, 177
Arbeit 2050 19, 178
Asynchrone Arbeitszeit 94

B
Bailenson, Jeremy 92, 167
Bailey, Chris 169
Barco ClickShare 78
Beermann, Beate 153
Bertelsmann Stiftung 13

C
Calmbach 25, 178
Campana & Schott 77
Canva 123
Celebration Grid 34
Change Management Game 36
Citrix 56, 57, 178
Civey 128, 153, 179, 182, 183
Cloots, Alexandra 104
Command & Control 25
Conceptboard 97, 98, 113, 138
Convios Consulting 85, 179
COVID-19-Pandemie 14

D
DAK 153, 179
Dark Principle 40
Das 5-I-Modell 37
Data Literacy 104, 114
Data-Literacy-Charta 114, 188
Deimann, Markus 168, 197
Delegation Poker 40, 42
Delphi-Studie 20, 178
Detecon 78
Digitalisierung 7, 8, 11, 12, 14, 21, 23, 25, 27, 38, 78, 85, 102, 118, 119, 165, 168, 179, 182, 183, 186, 188, 189, 190, 196
Digital Trust 5, 18, 125, 129, 193
Dirks und Ferrin 136, 196
Döring, Frank 132
Dörner, Dietrich 39, 40
Dr. Bühlmann, Beat 104, 187
Dubner, Stephen J. 111

E
Ebel, Oliver 56, 194
Education Day 32
Einstein, Albert 22

Employee Experience 47, 48, 50, 52, 54, 55, 57, 59, 60, 63, 64, 66, 70, 178, 180, 181, 189
Eurostat 85, 181
Exploration Day 32, 33

F
FOMO-Syndrom 169
Fraunhofer IAO 166, 181, 197
Frazier, M. Lance 160
»Future Shock« 106, 195

G
Gallup-Studie 13, 78, 128
Gartner 65, 181, 194
Gemeinsame Vision 31
Glassdoor 50
Golden Circle 10
Golemann 110
Google 79
Growth Mindset 24, 158

H
Hackathon 32
Half, Robert 15
Hammer und Champy 29
Holz, Christian 102, 175
»Hyperfocus« 169

I
IDC 106, 183, 195
Instagram 123
Iyer, Shankar 54

K
Klonek, Florian E. 132
Korte, Martin 165

Krankenkasse KKH 154
Kudo Cards 138
Kudo Walls 138
künstliche Intelligenz 28, 117
Kununu.de 50, 184
Kunze, Florian 92

L
Laloux, Frederic 132
Learning on the Job 32
Leistungsrevolution 29
Liebermeister 15, 78, 118, 185, 195
LinkedIn 50, 105, 123
Luhmann, Niklas 134, 196

M
Malczok und Kirchhoff 111, 195
Management 3.0 Tool 42, 44
ManpowerGroup 25
McKinsey 55, 126, 158, 197
Meddlers Game 44, 45
Meddlers-Game 42
Mentale Modelle 31
Mentimeter 71
Meser, Laura 132
Microsoft 79, 88, 197
Miro 87, 97, 98, 113, 114, 123, 138
Mural 87, 96, 97, 98, 113, 114, 123, 138, 147

N
Nair, Leena 126, 186
NASA 71
Netflix 57
netzpolitik.org 122
New Work 104, 131

Niedzwiecka & Pan 118, 195
Nink, Marco 13
Nopper-Pflügler 105, 107, 187, 195

O
Office 365 88

P
Personal Map 147
Personal Mastery 31, 32
Pingo 71
Pomodoro-Technik 171
Porter und Prahalad/Hamel 118
Prof. Dr. Rump, Jutta 91
Purpose 5, 17, 47, 49, 53, 54, 63, 66, 67, 68, 70, 71, 72, 141, 178, 188, 194
PwC 49, 194

R
Reengineering des Unternehmens 29, 182
Remote 7, 11, 50, 78

S
Sägeblatteffekt 109
Seagate 106, 183, 195
Senge, Peter 31
ShipIt-Tage 32
Sinek, Simon 10
SINUS-Studie 25
Social Collaboration Maturity 79, 185
Social Virtualizing 145
Stanford Virtual Human Interaction Lab 92, 167, 177, 195
Stayfocusd 171

Steelcase Global Report 53, 189
Strategy& 49, 53
SuperFreakonomics 111, 185
Synchrone Arbeitszeit 94
Systemisches Denken 31

T
t3n 122
Team-Lernen 31, 32
TechCrunch 122
Technology Acceptance Model – TAM 58, 194
Toffler, Alvin 106, 195

U
Ultimate Kronos Group 155

V
Vimeo 123
Virtual Socializing 5, 125, 141, 143, 144, 160
VMware End-User Computing 54

W
Wagner, Marc 78
War of talents 48
Wertewandel der Arbeitskultur 8
»Wirtschaftswoche« 78, 181

Y
YouTube 123

Z
Zeldes, Nathan 108, 180
ZOOM 79

Haben Sie Interesse an unseren Büchern?

Zum Beispiel als Geschenk für Ihre Kundenbindungsprojekte?

Dann fordern Sie unsere attraktiven Sonderkonditionen an.

Weitere Informationen erhalten Sie bei unserem Vertriebsteam unter **+49 89 651285-252**

oder schreiben Sie uns per E-Mail an:
vertrieb@m-vg.de